150 PROBLEMAS RESUELTOS DE SÍNTESIS ORGÁNICA

(Con análisis retrosintético)

José Ramón Pedro
Carlos Vila
Amparo Sanz
Marc Montesinos
Alicia Monleón

PUV
VNIVERSITAT
ᴅᴇVALÈNCIA

Colección: Educació. Laboratori de Materials, 102

Este texto ha sido publicado en el marco de los programas desarrollados dentro de la «Convocatoria del Ministerio de Educación y Ciencia para la financiación de la adaptación de las instituciones universitarias al Espacio Europeo de Educación Superior» (septiembre de 2006)

Publicacions de la Universitat de València
https://puv.uv.es
publicacions@uv.es

Diseño de la cubierta: Celso Hernández de la Figuera

ISBN: 978-84-1118-634-6
Depósito legal: V-4040-2025

Impreso en España

PRÓLOGO.

La síntesis de compuestos orgánicos constituye una parte importante en los estudios del grado en Química, que se inicia en las asignaturas propias de Química Orgánica y se completa, a mayor o menor nivel, con carácter obligatorio u optativo, en la asignatura Síntesis Orgánica, con esta denominación u otras parecidas. También constituye una parte importante en los estudios de máster.

Este libro va dirigido fundamentalmente a los estudiantes del Máster en Química Orgánica. Pero también puede ser de gran utilidad, a lo largo de toda su formación, para los estudiantes del Grado en Química. Igualmente, los estudiantes de Química Farmacéutica del Grado en Farmacia pueden encontrar una buena colección de ejemplos de su interés. Además, los primeros problemas del libro son interesantes para todos aquellos estudiantes que se enfrenten por primera vez con la Química Orgánica, incluyendo los grados de Bioquímica, Ingenierías, etc.

Una de las maneras más seguras de aprender química orgánica es precisamente enfrentarse a la resolución de problemas de síntesis. La capacidad de planificar una síntesis de varias etapas de una molécula compleja requiere un conocimiento práctico de los usos y limitaciones de una gran cantidad de reacciones orgánicas. No sólo hay que saber qué reacciones se pueden utilizar, también hay que saber cómo usarlas porque el orden en que se llevan a cabo las reacciones es fundamental para el éxito de la síntesis. El objeto de este libro es proporcionar a los estudiantes una amplia colección de problemas, con casos reales de diferente dificultad, que les permita ejercitarse en el aprendizaje de la Síntesis Orgánica.

La capacidad de diseñar/planificar una secuencia de reacciones en el orden correcto es especialmente importante en la síntesis de compuestos aromáticos polisustituidos, ya que la introducción de un nuevo sustituyente se ve fuertemente afectada por los efectos activantes/desactivantes y orientadores de los sustituyentes previamente introducidos. La planificación de la síntesis de compuestos aromáticos polisustituidos es, por tanto, una buena manera de empezar a ganar confianza en el campo de la Síntesis Orgánica.

Se ha comparado el diseño/planificación de una síntesis orgánica con el juego del ajedrez. En esta planificación no hay trucos, todo lo que se requiere es un conocimiento de los movimientos permitidos (las reacciones orgánicas) y la disciplina para planificar con anticipación, evaluando cuidadosamente las consecuencias de cada movimiento. La práctica puede ser que no sea fácil, pero es una buena manera de aprender química orgánica.

La mejor forma de diseñar la síntesis de una molécula objetivo es pensarla "hacia atrás", un proceso denominado análisis retrosintético. En ese análisis, se desconectan enlaces estratégicos carbono-carbono y carbono-heteroátomo en la molécula objetivo para identificar los productos químicos que se necesitan para crear esa molécula a partir de materiales más simples. El análisis retrosintético es un proceso iterativo en el que el químico orgánico sigue trabajando "hacia atrás" desconectando enlaces estratégicos en los materiales obtenidos en cada una de las desconexiones, identificando finalmente compuestos comerciales sencillos que podrían ser utilizados como materiales de partida en la síntesis.

En definitiva, el análisis retrosintético es una técnica tremendamente útil para planificar la síntesis de compuestos orgánicos complejos. Al trabajar "hacia atrás", los químicos orgánicos pueden identificar las rutas más eficientes y rentables para llegar a un compuesto determinado, lo que les permite ahorrar tiempo y recursos en el proceso de síntesis.

Las referencias bibliográficas generales recogidas en la sección correspondiente son textos de Química Orgánica a los que se remite a los estudiantes para una mejor comprensión de las reacciones utilizadas en la resolución de los problemas. Además, al final de cada problema se dan referencias bibliográficas específicas donde se pueden encontrar descritas las síntesis originales.

La preparación de este libro ha supuesto un enorme esfuerzo, incluyendo la búsqueda bibliográfica, la selección de los ejemplos y el dibujo de los abundantes análisis retrosintéticos y esquemas sintéticos originales. Queremos agradecer a nuestros estudiantes del máster de Química Orgánica de estos últimos años por sus críticas y comentarios acerca de la resolución de una parte de los problemas recogidos en este libro.

También queremos agradecer a nuestras familias su comprensión por el tiempo que la preparación de este libro les ha robado.

Los autores estaremos encantados de recibir sugerencias, tanto de profesores como de estudiantes que puedan utilizar este libro, que conduzcan a posteriores mejoras del texto.

José Ramón Pedro   Catedràtic d'Universitat/Professor Emèrit

Carlos Vila   Professor Titular d'Universitat

Amparo Sanz   Professora Titular d'Universitat

Marc Montesinos   Professor Ajudant Doctor

Alicia Monleón   Professor Ajudant Doctor

Departament de Química Orgànica

Facultat de Química

Universitat de València

ÍNDICE.

8. Síntesis de *para*-etilanilina:

9. Síntesis de *para*-metoxinitrobenceno:

10. Síntesis de *orto*-metoxianilina:

11. Síntesis de 4-bromo-3-nitroacetofenona:

12. Síntesis de 3-bromo-5-nitroacetofenona:

13. Síntesis de 4-metoxi-2-nitroanilina:

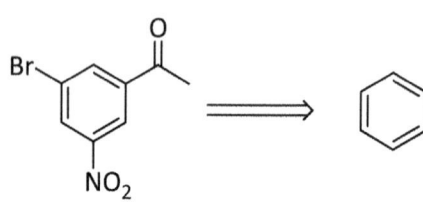

14. Síntesis de 2-(clorometil)-1-metoxi-4-nitrobenceno:

Fenol monosustituido

Compuestos bencénicos monosustituidos

24. Síntesis de 3-(cicloheptiloxi)propan-1-amina:

25. Síntesis de 1-(5-(hidroximetil)naftalen-1-il)etan-1-ol:

26. Síntesis de 2-(6-(hidroximetil)naftalen-2-il)etan-1-ol:

27. Síntesis del ácido 4-(1-hIdroxietil)benzoico:

28. Síntesis de 4,4-difenilbutan-4-hidroxi-2-ona:

29. Síntesis de 3,4-dimetoxibencilamina:

30. Síntesis de bromoxinilo:

31. Síntesis de 4-hidroxi-2-metoxi-3-metilbenzaldehido:

32. Síntesis de proparacaína: 88

33. Síntesis de un alcohol tercario: 91

Cualquier material de partida C_6 máx.

34. Síntesis de 3-amino-4-butiramido-5-metilbenzoato de metilo: 93

35. Síntesis de un análogo de la ofornina: 95

Compuestos monocíclicos

36. Síntesis de un análogo del betrixaban: 97

37. Síntesis de pridinol: 100

38. Síntesis de prociclidina: 101

Cualquier material de partida (C_6 máx.)

39. Síntesis de bipirideno:

Cualquier material de partida (C₆ máx.)

40. Síntesis de fenotrina:

41. Síntesis de bupropiona:

42. Síntesis de un derivado de azepin-2-ona:

43. Síntesis del ácido 7-etil-8-metilnonanoico:

44. Síntesis de 8-etil-9-metildecan-2-ona:

45. Síntesis de 4-metilpent-4-enoato de 3-metilbut-3-en-1-ilo:

46. Síntesis de civamida:

47. Síntesis del ácido sydowico:

48. Síntesis de 6-metil-2,3-dihidro-1*H*-inden-1-ona:

49. Síntesis de un análogo de la arcoxia:

50. Síntesis de un derivado de chalcona:

51. Síntesis de una chalcona derivada de naftaleno:

52. Síntesis de una chalcona derivada del indol:

53. Síntesis de un fragmento de la molécula del pacritinib:

54. Síntesis de 1,2-di(naftalen-1-il)etano:

55. Síntesis de 1-(2-(naftalen-2-il)etil)naftaleno:

Cualquier derivado
del naftaleno (C$_{10}$ máx.)

56. Síntesis de (E)-4-formamidobut-2-enoato de metilo:

57. Síntesis de 3-(hidroximetil)-1-metil-2-oxociclopent-3-eno-1-carboxilato de etilo:

58. Síntesis de 2-mesitil-3-metilciclopent-2-en-1-ona:

59. Síntesis del ácido 7-metil-3-oxo-2,3-dihidro-1*H*-indeno-1-carboxilico:

60. Síntesis de haloperidol:

61. Síntesis de un compuesto tetraoxaespiránico:

62. Síntesis de una quinoxalina:

Cualquier material de partida neceario (C_8 máx.)

63. Síntesis de 1,7-difenilheptano-1,7-diona:

64. Síntesis de warfarina:

71. Síntesis del ácido 2-(3,5-bis(trifluorometl)fenil)-2-metilpropanoico:

72. Síntesis de una fenilpiperazina:

73. Síntesis de naratriptan:

74. Síntesis de rizatriptan:

75. Síntesis de fentanilo:

76. Síntesis de carfentanilo:

77. Síntesis de un derivado de carfentanilo: 184

78. Síntesis de norsufentanilo: 187

79. Síntesis de una poliamida: 191

80. Síntesis de un selenuro: 193

81. Síntesis de piperocaína: 195

82. Síntesis de amilocaína: 197

89. Síntesis de un compuesto policíclico:

90. Síntesis de lidocaína:

91. Síntesis de (Z)-ciclooctadec-10-eno-1,2-diona:

92. Síntesis de (E)-9-oxo-2-decenoato de metilo:

93. Síntesis de un análogo de octocrileno:

94. Síntesis de un análogo de octocrileno y avobenzona:

95. Síntesis de loperamida:

125. Síntesis de un compuesto ciclopentánico: 293

126. Síntesis de un análogo del pacritinib: 296

127. Síntesis de una spiropiperidina: 299

128. Síntesis del ácido ibandrónico: 301

Cualquier material de partida necesario (C_5 máx.)

129. Síntesis de un intermedio en la síntesis de triquinanos: 303

130. Síntesis de nyasol: 305

131. Síntesis de un intermedio en la síntesis de diisocianoterpenos: 308

26

147. Síntesis de timolol: 356

148. Síntesis de alprenolol: 359

149. Síntesis de pindolol: 361

150. Síntesis de betaxolol: 363

REFERENCIAS BIBLIOGRÁFICAS GENERALES.

1) S. Warren, P. Wyatt, *Organic Synthesis. The Disconnection Aproach*, 2nd Edition, John Wiley and Sons, Chichester, **2008**.

2) J. Clayden, N. Greeves, S. Warren, *Organic Chemistry*, 2nd Edition, Oxford University Press, Oxford, **2012.**

3) F. A. Carey, R. J. Sundberg, *Advanced Organic Chemistry*, Part B, 5th Edition, Springer, New York, **2007**,

4) M. B. Smith, J. March, *March's Advanced Organic Chemistry*, 6th Edition, John Wiley and Sons, Hoboken, New Jersey, **2007**.

5) J. A. Joule, K. Mills, *Heterocyclic Chemistry*, 5th Edition, Wiley, Chichester, **2010**

LISTA DE ABREVIATURAS

Ac	Acetilo
acac	acetilacetonato
AGF	Adición de grupo funcional
AIBN	Azoisobutironitrilo
aq.	Acuoso
9-BBN	9-Borabiciclo[3.2.1]nonano
Bn	Bencilo
Boc	*terc*-Butoxicarbonilo
BOP	Benzotriazoliloxitris(dimetilamino)fosfonio
^{n}Bu	*n*-Butilo
^{t}Bu	*terc*-Butilo
Bz	Benzoilo
CAN	Hexanitrato de amonio y cerio
cat.	Catalizador
CBS	Corey-Bakshi-Shibata
Cbz	Benciloxicarbonilo
COD	1,5-Ciclooctadieno
dba	dibencilideno acetona
DBU	1,8-Diazabiciclo[5.4.0]undec-7-eno
DBN	1,5-Diazabiciclo[4.3.0]non-5-eno
DCC	1,3-Diciclohexilcarbodiimida
DCE	1,2-Dicloroetano
DCM	Diclorometano
DCyT	Tartrato de diciclohexilo
DEAD	Azodicarboxilato de dietilo
DET	Tartrato de dietilo
DIAD	Azodicarboxilato de diisopropilo
DIBALH	Hidruro de diisobutilaluminio
DIPAMP	1,2-etanodiilbis[(2-metoxifenil)fenilfosfina]
DIPEA	Diisopropiletilamina
DIPT	Tartrato de diisopropilo
DMAP	4-dimetilaminopiridina

DMF	*N,N*-dimetilformamida
DMPU	*N,N'*-Dimetilpropilenurea
DMS	Dimetilsulfuro
DMSO	Dimetilsulfóxido
EDDA	Ácido etilenodiaminodicético
EE	1-Etoxietilo
Et	Etilo
equiv.	Equivalentes
GP	Grupo protector
GR	Grupo generador de radicales
^{n}Hex	*n*-Hexilo
HMPA	Hexametilfosforamida
HMPT	Hexametiltriamino fosfina
IBX	Ácido 2-yodoxibenzoico
IGF	Interconversión de grupo funcional
IM$_2$CS	Tiocarbonildiimidazol
KHMDS	Hexametildisilazanuro de potasio
LDA	Diisopropilamiduro de litio
LiHMDS	Hexametildisilazanuro de litio
m-CPBA	Ácido *meta*-cloroperbenzoico
Me	Metilo
MOM	Metoximetilo
Ms	Metanosulfonilo
MS	Tamices moleculares
NaHMDS	Hexametildisilazanuro de sodio
NBS	*N*-Bromosuccinimida
PCC	Clorocromato de piridinio
PDC	Dicromato de piridinio
Ph	Fenilo
PIDA	Diacetato de feniliodonio
PMB	*para*-Metoxibencilo
PMBz	*para*-Metoxibenzoilo
PMP	*para*-Metoxifenilo
PPTS	*para*-Toluenosulfonato de piridinio
^{n}Pr	*n*-Propilo

PTSA	Ácido *para*-toluenosulfónico
RCM	Metátesis con cierre de anillo
Red-Al	Hidruro de bis(2-metoxietoxi) aluminio y sodio
rt	Temperatura ambiente
SM	Material de partida
T3P	Anhídrido propilfosfónico cíclico
TBAF	Fluoruro de tetrabutilamonio
TBAI	Ioduro de tetrabutilamonio
TBATB	Tribromuro de tetrabutilamonio
TBHP	Hidroperóxido de *terc*-butilo
TBS	*terc*-Butildimetilsililo
TEA	Trietilamina
TFA	Ácido trifluoroacético
TFE	Trifluoroetanol
THF	Tetrahidrofurano
THP	Tetrahidropiranilo
TIPS	Triisopropilsililo
TMG	1,1,3,3-Tetrametilguanidina
TMS	Trimetilsililo
Ts	*para*-Toluenosulfonilo

1. Síntesis de *terc*-butilbenceno a partir de benceno.

Al analizar la estructura de la molécula objetivo observamos que se trata de un benceno sustituido con un grupo alquilo, concretamente un grupo *terc*-butilo. Por lo tanto, considerando el análisis retrosintético para compuestos aromáticos la desconexión (a) que tenemos que plantear es una desconexión C-C en la que uno de los átomos de carbono pertenece al anillo bencénico.

Es decir, la desconexión C-C se correspondería con una reacción de alquilación de Friedel-Crafts del benceno con cloruro de *terc*-butilo y un ácido de Lewis (AlCl₃).[1]

Como en cualquier reacción hay que considerar las posibles limitaciones de la misma. En este caso la reacción del benceno con 1 equivalente molar de cloruro de *terc*-butilo, produce *para*-di-*terc*-butilbenceno como el producto principal junto con pequeñas cantidades del *terc*-butilbenceno deseado y benceno sin reaccionar. Esto se debe a que la introducción del primer grupo *terc*-butilo en el anillo bencénico facilita la entrada del segundo grupo *terc*-butilo debido al carácter activante de los grupos alquilo en las reacciones de sustitución aromática electrofílica.

No obstante, se puede obtener un alto rendimiento de producto de monoalquilación utilizando un gran exceso de benceno y por lo tanto la reacción de alquilación planteada se puede considerar como un método adecuado de síntesis del *terc*-butilbenceno.

Bibliografía.

1) J. Clayden, N. Greeves, S. Warren, *Organic Chemistry*, 2nd Edition, Oxford University Press, Oxford, **2012**, pág. 477 y 493.

2. Síntesis de anilina a partir de benceno.

Considerando el análisis retrosintético para compuestos aromáticos la desconexión que tenemos que plantear es una desconexión C-N en la que el átomo de carbono pertenece al anillo bencénico. Sin embargo, puesto que no hay ningún método directo de introducción del grupo NH_2 en el anillo bencénico, necesitamos cambiar el grupo NH_2 por otro grupo que si se pueda introducir fácilmente en el anillo bencénico. A este proceso se le denomina "Interconversión de grupo funcional" (IGF): es también un proceso imaginario, al igual que una desconexión, que se corresponde con una reacción real que transcurra con buen rendimiento. Generalmente el grupo NH_2 se obtiene por reducción de un grupo nitro.[1] Por lo tanto, la primera etapa del análisis retrosintético que nos ocupa debe ser la IGF de grupo NH_2 por el grupo NO_2. La segunda etapa es una desconexión C-N que se corresponde con la reacción de nitración del benceno.

Así pues, la secuencia sintética sería la siguiente: El tratamiento del benceno con mezcla sulfonítrica (HNO_3/H_2SO_4) conduce a nitrobenceno mediante una sustitución aromática electrofílica. A continuación, la reducción del grupo nitro con un metal (Fe, Sn) en ácido clorhídrico proporciona el clorhidrato de anilinio cuya neutralización rinde finalmente anilina.

Bibliografía.

1) J. Clayden, N. Greeves, S. Warren, *Organic Chemistry*, 2nd Edition, Oxford University Press, Oxford, **2012**, pág. 494.

3. Síntesis de *n*-butilbenceno a partir de benceno.

Al analizar la estructura de la molécula objetivo observamos que, al igual que en el primer ejercicio, se trata de un benceno sustituido con un grupo alquilo, en este caso un grupo *n*-butilo.

Por lo tanto, la desconexión (a) que tenemos que plantear es una desconexión C-C en la que uno de los átomos de carbono pertenece a un anillo bencénico.

Es decir, la desconexión C-C se correspondería con una reacción de alquilación de Friedel-Crafts del benceno con cloruro de *n*-butilo y un ácido de Lewis (AlCl$_3$).

Ahora bien, en las reacciones de alquilación de Friedel-Crafts se producen transposiciones en el esqueleto hidrocarbonado del haluro de alquilo, debido a la naturaleza carbocatiónica del electrófilo.[1] Como consecuencia el producto de la reacción anterior no es el *n*-butilbenceno sino el *terc*-butilbenceno.

Puesto que la alquilación directa no conduce al producto deseado es necesario diseñar un nuevo análisis retrosintético con una interconversión de grupo funcional (IGF) previa a la desconexión C-C. Así, la primera etapa del análisis retrosintético que nos ocupa debe ser la IGF del grupo *n*-butilo por el correspondiente grupo butanoilo. La segunda etapa (b) es una desconexión C-C que se corresponde con la reacción de acilación de Friedel-Crafts del benceno con cloruro de butanoilo en presencia de un ácido de Lewis (AlCl$_3$). Como es sabido, en este tipo de reacciones no se producen transposiciones de esqueleto debido a la estabilización por resonancia de la especie carbocatiónica que actúa como electrófilo.

Así pues, la secuencia sintética sería la siguiente: El tratamiento del benceno con cloruro de butanoilo en presencia de un ácido de Lewis (AlCl$_3$) conduce a la correspondiente cetona, la cual en una etapa posterior se somete a una reducción de Clemmensen con amalmaga de cinc en medio ácido clorhídrico proporcionando la molécula objetivo, el *n*-butilbenceno.

Bibliografía.

1) J. Clayden, N. Greeves, S. Warren, *Organic Chemistry*, 2nd Edition, Oxford University Press, Oxford, **2012**, pág. 492-494 (alquilación de Friedel-Crafts), 540 (reducción de Clemmensen).

4. Síntesis de *para*-bromonitrobenceno a partir de benceno.

Al analizar la estructura de la molécula objetivo observamos que se trata de un benceno disustituido con un grupo nitro y un átomo de bromo. Por lo tanto, en principio, tenemos, dos posibles rutas retrosintéticas que se diferencian en el orden en que se llevan a cabo las desconexiones.

En la primera ruta, la primera desconexión (a) es del tipo C-N en la que el átomo de carbono pertenece a un anillo aromático y se corresponde con la reacción de nitración del bromobenceno la cual nos conduciría al producto deseado ya que el átomo de bromo orienta a *orto-para*.[1] Finaliza esta primera ruta con una desconexión (b) del tipo C-Br compatible con la reacción de bromación del benceno.

En la segunda ruta, las dos desconexiones anteriores se hacen en orden inverso. La primera desconexión (c) es del tipo C-Br y se corresponde con la reacción de bromación del nitrobenceno. Sin embargo, esta segunda opción hay que descartarla de inmediato porque el grupo nitro orienta a *meta* en reacciones de sustitución aromática electrofílica, de manera que el producto de bromación del nitrobenceno sería el *meta*-bromonitrobenceno y no el *para*-bromonitrobenceno deseado.

Así pues, el primer análisis retrosintético nos permitiría formular la secuencia sintética correcta, que sería la siguiente: En primer lugar, se lleva a cabo la bromación del benceno en presencia de bromo y hierro mediante una sustitución electrofílica aromática. A continuación, el tratamiento del bromobenceno con mezcla sulfonítrica (HNO_3/H_2SO_4) conducirá a la nitración de este compuesto mediante una sustitución electrofílica aromática. Debido a que el bromo orienta hacia las posiciones *orto* y *para*, se obtendrá una mezcla de *orto*-bromonitrobenceno y *para*-bromonitrobenceno, siendo este último el producto mayoritario, que deberá separarse de su isómero de posición.

Bibliografía.

1) J. Clayden, N. Greeves, S. Warren, *Organic Chemistry*, 2nd Edition, Oxford University Press, Oxford, **2012**, pág. 479- 492.

5. Síntesis de *meta*-nitroacetofenona a partir de benceno.

Al analizar la estructura de la molécula objetivo observamos que se trata de un benceno disustituído con un grupo nitro y un grupo acetilo. Por lo tanto, en principio, tenemos, dos posibles rutas retrosintéticas que se diferencian en el orden en que se llevan a cabo las dos desconexiones.

En la primera ruta, la primera desconexión (a) es del tipo C-N y se corresponde con la reacción de nitración de la acetofenona la cual nos conduciría al producto deseado ya que el grupo acetilo orienta a meta. Finaliza esta primera ruta con una desconexión (b) del tipo C-C que se corresponde con una reacción de acilación de Friedel-Crafts del benceno.[1]

En la segunda ruta, la primera desconexión (c) es del tipo C-C y se corresponde con una reacción de acilación de Friedel-Crafts del nitrobenceno. Sin embargo, esta segunda ruta no es válida porque las reacciones de Friedel-Crafts no tienen lugar sobre anillos bencénicos desactivados.

Así pues, la ruta sintética sería la siguiente: el tratamiento del benceno con cloruro de acetilo en presencia de un ácido de Lewis como catalizador ($AlCl_3$) conduce a acetofenona mediante una acilación de Friedel-Crafts. A continuación, el tratamiento de este producto con mezcla sulfonítrica (HNO_3/H_2SO_4) conduce a *meta*-nitroacetofenona mediante una sustitución aromática electrofílica.

Bibliografía.

1) J. Clayden, N. Greeves, S. Warren, *Organic Chemistry*, 2nd Edition, Oxford University Press, Oxford, **2012**, pág. 477-478.

6. El paracetamol (A) es un fármaco con propiedades analgésicas y antipiréticas. Diseña una síntesis del paracetamol (A) a partir de fenol (SM).

A   SM

La presencia en la molécula de paracetamol del grupo funcional amida nos ofrece la primera desconexión (a) del tipo C-N (amida) que nos conduce al 4-aminofenol (B), sobre el cual hacemos una interconversión del grupo funcional amino por nitro, lo que nos lleva al compuesto C. Finalmente sobre C llevamos a cabo una desconexión (b) del tipo C-N que estaría vinculada a una reacción de nitración del fenol (SM).

A   B   C   SM

Así pues, la secuencia sintética sería la siguiente: En primer lugar, se lleva a cabo la nitración del fenol con ácido nítrico y ácido sulfúrico obteniendo 4-nitrofenol (C), junto con una pequeña cantidad de 2-nitrofenol que hay que separar. A continuación, la reducción del grupo nitro con hidrógeno catalizada por paladio da lugar al 4-aminofenol (B), el cual mediante tratamiento con anhídrido acético conduce al paracetamol (A). Cabe destacar que la acetilación se lleva a cabo de manera quimioselectiva,[1] es decir, de los dos grupos nucleofílicos presentes en el 4-aminofenol, únicamente reacciona el grupo amino. Esto es debido a la mayor nucleofilia del grupo amino en relación con el grupo hidroxilo, por lo tanto, empleando un equivalente de anhídrido acético en presencia de piridina como base es posible obtener el paracetamol como único producto.

SM   C   B   A

Bibliografía.

1) J. Clayden, N. Greeves, S. Warren, *Organic Chemistry*, 2nd Edition, Oxford University Press, Oxford, **2012**, pág. 528-529.

7. Síntesis de *meta*-etilanilina a partir de benceno.

Al analizar la estructura de la molécula objetivo observamos que se trata de un benceno disustituido con un grupo amino y un grupo etilo.

Como ya hemos visto en ejercicios anteriores, no conocemos ningún método directo de introducción del grupo amino en el anillo bencénico. Por lo tanto, necesitamos recurrir a una interconversión de grupo funcional (IGF), es decir cambiamos el grupo amino por el grupo nitro ya que el grupo nitro se puede introducir en el anillo bencénico mediante una reacción de nitración y se puede reducir fácilmente a amino.

Por su parte el grupo etilo se puede introducir en el anillo bencénico mediante una reacción de alquilación de Friedel-Crafts, pero, como ya se ha comentado en ejercicios anteriores, la introducción de un grupo alquilo se lleva a cabo de forma más conveniente de manera indirecta mediante una acilación de Friedel-Crafts seguida de reducción del grupo carbonilo.

Por lo tanto, teniendo presente que tanto el grupo nitro como el acetilo orientan a *meta*, el análisis retrosintético se iniciará con una doble IGF, que nos conducirá a la *meta*-nitroacetofenona. El análisis retrosintético se completa con una desconexión (a) del tipo C-N compatible con la reacción de nitración de la acetofenona, la cual tiene lugar en *meta* dado el efecto orientador del grupo acetilo en reacciones de sustitución aromática electrofílica. Finaliza el análisis retrosintético con una desconexión (b) del tipo C-C que se vincula a la reacción de acilación de Friedel-Crafts del benceno.[1]

Así pues, la ruta sintética sería la siguiente: El tratamiento del benceno con cloruro de acetilo en presencia de un ácido de Lewis como catalizador, por ejemplo, tricloruro de aluminio, conduce a acetofenona mediante una acilación de Friedel-Crafts. A continuación, el tratamiento de este producto con mezcla sulfonítrica (HNO_3/H_2SO_4) conduce a *meta*-nitroacetofenona mediante una sustitución aromática electrofílica.

Por último, la hidrogenación catalítica utilizando Pd sobre carbono en etanol permite la reducción tanto del grupo nitro como del carbonilo,[2] obteniendo de esta forma la *meta*-etilanilina.

Bibliografía.

1) J. Clayden, N. Greeves, S. Warren, *Organic Chemistry*, 2nd Edition, Oxford University Press, Oxford, **2012**, pág. 477-478.

2) X.-Y. Zhou, X. Chen *Tetrahedron Letters* **2020**, *61*, 151447.

8. Síntesis de *para*-etilanilina a partir de benceno.

Al igual que en el ejercicio anterior, tenemos que introducir en el anillo bencénico el grupo amino, a través de un grupo nitro, y el grupo etilo, a través del grupo acetilo. Ahora bien, en este ejercicio ambos grupos están situados en posición *para* y por lo tanto requiere un análisis retrosintético diferente.

En principio tenemos dos posibles rutas retrosintéticas. En la primera, nos fijamos inicialmente en el grupo amino. Así necesitaríamos como paso previo hacer una IGF del grupo amino a nitro y a continuación la desconexión (a) compatible con la reacción de nitración del etilbenceno la cual nos conduciría al producto deseado ya que el grupo etilo orienta a *orto-para*.[1] Se continua el análisis retrosintético con la transformación del etilbenceno mediante una IGF en acetofenona, en la cual, haremos una desconexión C-C (b) que se corresponde con una reacción de acilación de Friedel-Crafts del benceno.

En la segunda ruta retrosintética desconectamos en primer lugar el grupo etilo. La desconexión (c) se correspondería con la reacción de alquilación de la anilina. Alternativamente, se podría hacer en una interconversión de grupo funcional de amino a nitro y a continuación la desconexión (d) que se correspondería con la reacción de alquilación del nitrobenceno.

Sin embargo, esta segunda ruta no es válida porque las reacciones de Friedel-Crafts no tienen lugar sobre la anilina (debido a la reacción ácido-base entre el grupo amino y el ácido de Lewis utilizado como catalizador) ni sobre el nitrobenceno debido al fuerte efecto desactivante del grupo nitro.

Así pues, el primer análisis retrosintético nos ha proporcionado la siguiente ruta sintética: El tratamiento del benceno con cloruro de acetilo en presencia de un ácido de Lewis (AlCl$_3$) conduce a la acetofenona, la cual en una etapa posterior se somete a una reducción de Clemmensen[1] con amalmaga de cinc en medio ácido clorhídrico proporcionando el etilbenceno. El tratamiento del etilbenceno con mezcla sulfonítrica (HNO$_3$/H$_2$SO$_4$) da lugar al *para*-etilnitrobenceno mediante una sustitución aromática electrofílica. A continuación, la reducción del grupo nitro con Fe en ácido clorhídrico proporciona el clorhidrato de anilinio cuya neutralización finalmente da lugar a la *para*-etilanilina.

Bibliografía.

1) J. Clayden, N. Greeves, S. Warren, *Organic Chemistry*, 2nd Edition, Oxford University Press, Oxford, **2012**, pág.479-492 (reacciones de sustitución aromática electrofílica), 540 (reducción de Clemmensen).

9. Síntesis de *para*-metoxinitrobenceno a partir de benceno.

Se trata de sintetizar un anillo bencénico *para*-disustituido con un grupo nitro y un grupo metoxi. El grupo nitro se introducirá mediante una reacción de nitración (sustitución aromática electrofílica), mientras que el grupo metoxilo se puede introducir mediante una sustitución aromática nucleofílica a partir de un haluro aromático convenientemente sustituido con un grupo electrón-atrayente tal como el grupo nitro.[1] En principio tenemos dos posibles rutas retrosintéticas que se diferencian en el orden en que se llevan a cabo las desconexiones.

En la primera, empezaríamos con una desconexión (a) del tipo C-N que nos conduciría al anisol A, sobre el cual haríamos una desconexión C-O (b) que nos llevaría al benceno. Sin embargo, esta ruta hay que descartarla porque no conocemos ningún método que nos permita introducir directamente el grupo metoxilo en un anillo bencénico. Tampoco se podría introducir el grupo metoxilo de forma indirecta, a través del bromobenceno, porque la correspondiente reacción de sustitución nucleofílica aromática no tendría lugar al no existir en el anillo ningún sustituyente electrón-atrayente.

En la segunda alternativa, la desconexión (d) nos conduciría al nitrobenceno.

Sin embargo, para que esta segunda alternativa sea factible se requiere un buen grupo saliente en la posición en la que se pretende introducir el grupo metoxilo. Por ello necesitamos como paso previo hacer una IGF del grupo metoxilo a bromo pensando en una reacción de sustitución aromática nucleofílica facilitada por el grupo nitro. A continuación, la desconexión (e) del tipo C-N nos conduce al bromobenceno compatible con la reacción de nitración del mismo. Finalmente, una desconexión C-Br (f) nos conduciría al benceno.

Así pues, la ruta sintética, derivada del segundo análisis retrosintético, sería la siguiente: el tratamiento del benceno con bromo en presencia de hierro conduce a bromobenceno a través de una sustitución aromática electrofílica. A continuación, el tratamiento de este producto con mezcla sulfonítrica (HNO_3/H_2SO_4) da lugar a *para*-bromonitrobenceno mediante otra sustitución aromática electrofílica. Por último, en presencia de metóxido sódico y aplicando calor se lleva a cabo una sustitución nucleofílica aromática, facilitada por el grupo nitro, obteniéndose *para*-metoxinitrobenceno.

Bibliografía.

1) J. Clayden, N. Greeves, S. Warren, *Organic Chemistry*, 2nd Edition, Oxford University Press, Oxford, **2012**, pág. 514-519.

10. Síntesis de *orto*-metoxianilina a partir de benceno.

Al analizar la estructura de la molécula objetivo observamos que se trata de un benceno *orto*-disustituido con un grupo amino y un grupo metoxi. Como se ha visto en ejercicios anteriores para introducir el grupo amino necesitamos recurrir a una interconversión de grupo funcional (IGF), es decir, cambiamos el grupo amino por el grupo nitro, ya que este se puede introducir fácilmente en el anillo aromático mediante una reacción de nitración y se puede reducir fácilmente a amino.[1] Por su parte el grupo metoxi, como hemos visto en el ejercicio anterior, se puede introducir mediante una sustitución aromática nucleofílica a partir del correspondiente haluro aromático convenientemente sustituido con un grupo electrón-atrayente, tal como el grupo nitro.[1]

Por lo tanto, el análisis retrosintético empezaría con una IGF del grupo amino por nitro y a continuación con una segunda IGF del grupo metoxi por bromo.

A partir del *orto*-bromonitrobenceno tenemos dos posibles rutas retrosintéticas. En la primera de ellas, una primera desconexión (a) del tipo C-Br nos conduciría al nitrobenceno. Sin embargo, esta opción hay que descartarla de inmediato ya que la bromación del nitrobenceno conduciría al isómero *meta*.

La segunda ruta retrosintética se iniciaría con una desconexión (b) del tipo C-N que nos conduciría al bromobenceno, pensando en una reacción de nitración de este. Sin embargo, esta reacción de nitración proporcionaría como producto mayoritario el isómero *para* y no el *orto* que es el que se requiere ahora. Por ello es necesario bloquear la posición *para* del anillo bencénico, lo cual se consigue con la reacción de sulfonación, dado que el carácter reversible de la misma facilita la eliminación del grupo SO$_3$H una vez completada la síntesis. Así pues, en el proceso mental de análisis retrosintético bloqueamos la posición para del *orto*-bromonitrotolueno y llegamos al correspondiente ácido sulfónico, sobre el cual hacemos las desconexiones (c) de tipo C-N, (d) de tipo C-S y finalmente la desconexión (e) de tipo C-Br que nos conducirá al benceno.

Br
NO₂
b
C-N
$\Longrightarrow$
(b)

Br

Bloqueo
posición *para*

Br
NO₂
c
SO₃H
C-N
$\Longrightarrow$
(c)

Br
d
SO₃H
C-S
$\Longrightarrow$
(d)

Br
e
C-Br
$\Longrightarrow$
(e)

Así pues, el análisis retrosintético nos ha proporcionado la siguiente ruta sintética: En primer lugar, el benceno se trata con bromo en presencia de hierro con lo que se obtiene el bromobenceno. A continuación, el tratamiento del bromobenceno con ácido sulfúrico/trióxido de azufre conducirá a la obtención del correspondiente ácido sulfónico *para*-disustituido, el cual haremos reaccionar con mezcla sulfonítrica (HNO_3/H_2SO_4), obteniéndose el compuesto nitrado en posición *orto* respecto del bromo. En este momento llevamos a cabo la reacción de desulfonación por tratamiento acuoso en caliente para obtener el 1-bromo-2-nitrobenceno.

$\xrightarrow[Fe]{Br_2}$
Br
$\xrightarrow[H_2SO_4]{SO_3}$
Br
SO₃H
$\xrightarrow[H_2SO_4]{HNO_3}$
Br
NO₂
SO₃H
$\xrightarrow[\Delta]{H_2O}$
Br
NO₂

En este punto solo se requieren dos interconversiones de grupo funcional, las cuales deben ser llevadas a cabo en el siguiente orden: 1) tratamiento con metóxido de sodio permite llevar a cabo la correspondiente sustitución aromática nucleofílica, 2) el grupo nitro es reducido a la correspondiente anilina utilizando, por ejemplo, estaño en presencia de ácido clorhídrico seguido de neutralización.

Br
NO₂
$\xrightarrow[THF]{CH_3ONa}$
OCH₃
NO₂
$\xrightarrow[\text{2. Neutral.}]{\text{1. Sn/HCl}}$
OCH₃
NH₂

Bibliografía.

1) J. Clayden, N. Greeves, S. Warren, *Organic Chemistry*, 2nd Edition, Oxford University Press, Oxford, **2012**, pág. 494 (reducción del grupo nitro) y 514-519 (reacciones de sustitución aromática nucleofílica).

11. Síntesis de 4-bromo-3-nitroacetofenona a partir de benceno.

Al analizar la estructura de la molécula objetivo observamos que se trata de un benceno trisustituido con un bromo, un grupo nitro y un grupo acetilo. Los tres grupos se pueden introducir directamente mediante reacciones de sustitución aromática electrofílica (bromación, nitración y acilación de Friedel-Crafts respectivamente).[1] Por lo tanto, con el análisis retrosintético hemos de establecer el orden adecuado con el que se deben llevar a cabo estas reacciones.

En principio tendríamos tres posibles rutas retrosintéticas según qué grupo desconectemos en primer lugar.

Ante este tipo de situaciones siempre es conveniente elegir, si es posible, aquella desconexión que nos conduzca a un producto simétrico. En este caso elegiríamos la desconexión (a) que sería compatible con la reacción de nitración de la *para*-bromoacetofenona. El efecto orientador *orto-para* del bromo nos proporcionaría el producto deseado.

A partir de la *para*-bromoacetofenona, y teniendo en cuenta los efectos orientadores del bromo (*orto-para*) y del grupo acetilo (*meta*) es evidente que el análisis retrosintético debe continuar con una desconexión (d) del tipo C-C que se correspondería con una reacción de acilación de Friedel-Crafts del bromobenceno. El análisis retrosintético finalizaría con una desconexión (e) del tipo C-Br que nos conduciría al benceno.

Así pues, el análisis retrosintético nos ha proporcionado la siguiente ruta sintética. En primer lugar, se lleva a cabo la bromación del benceno mediante una sustitución aromática electrofílica con bromo y tribromuro de hierro como catalizador. A continuación, el tratamiento del bromobenceno obtenido con cloruro de acetilo en presencia de un ácido de Lewis como tricloruro de aluminio conduce a *para*-bromoacetofenona mediante una acilación de Friedel-Crafts. Finalmente, se produce la nitración en posición *orto* respecto al átomo de bromo y en posición *meta* respecto al grupo acetilo a través de una sustitución aromática electrofílica mediante el tratamiento de la *para*-bromoacetofenona con una mezcla sulfonítrica (HNO_3/H_2SO_4).

Bibliografía.

1) J. Clayden, N. Greeves, S. Warren, *Organic Chemistry*, 2nd Edition, Oxford University Press, Oxford, **2012**, pág. 473-497.

12. Síntesis de 3-bromo-5-nitroacetofenona a partir de benceno.

Al igual que en el ejercicio anterior, el análisis de la estructura de la molécula objetivo nos indica que se trata de un benceno trisustituido con un bromo, un grupo nitro y un grupo acetilo. Los tres grupos se pueden introducir directamente mediante reacciones de sustitución aromática electrofílica (bromación, nitración y acilación de Friedel-Crafts respectivamente).[1] Por lo tanto, con el análisis retrosintético hemos de establecer el orden adecuado con el que se deben llevar a cabo estas reacciones.

En principio tendríamos tres posibles rutas retrosintéticas según qué grupo desconectemos en primer lugar.

La primera desconexión (a) se correspondería con la reacción de nitración de la *meta*-bromoacetofenona y, por lo tanto, teniendo presente el efecto orientador del bromo (*orto-para*) y del grupo acetilo (*meta*) no se obtendría la molécula objetivo sino una mezcla de los dos compuestos siguientes.

Por lo tanto, esta primera ruta retrosintética se tiene que descartar. La segunda desconexión (b) se correspondería con la reacción de acilación de Friedel-Crafts del *meta*-bromonitrobenceno que habría que descartar inmediatamente, puesto que, como ya se ha dicho en ejercicios anteriores, las reacciones de Friedel-Crafts no tienen lugar en anillos bencénicos muy desactivados. La tercera desconexión (c) se correspondería con la reacción de bromación de la *meta*-nitroacetofenona. Los efectos orientadores de ambos grupos (*meta*) dirigen al átomo de bromo a la posición deseada y por lo tanto está desconexión (c) sería la adecuada.

El análisis retrosintético continuaría con dos posibles desconexiones sobre la *meta*-nitroacetofenona. La desconexión (d) se corresponde con la reacción de acilación de Friedel-Crafts del nitrobenceno. Por lo tanto, hay que descartarla inmediatamente, puesto que, como ya se ha dicho, las reacciones de Friedel-Crafts no tienen lugar en anillos bencénicos muy desactivados, como es el caso del nitrobenceno. La desconexión (e) es correcta ya que la reacción de nitración de la acetofenona funciona perfectamente proporcionando el isómero *meta*.

Así pues, el análisis retrosintético nos ha proporcionado la siguiente ruta sintética. El tratamiento de benceno con cloruro de acetilo en presencia de tricloruro de aluminio como catalizador conduce a acetofenona mediante una acilación de Friedel-Crafts. A continuación, el tratamiento de este producto con mezcla sulfonítrica (HNO_3/H_2SO_4) produce *meta*-nitroacetofenona mediante una sustitución aromática electrofílica. Por último, la bromación de *meta*-nitroacetofenona, a través de otra sustitución electrofílica aromática, empleando bromo en presencia de hierro da lugar a 3-bromo-5-nitroacetofenona.

Bibliografía.

1) J. Clayden, N. Greeves, S. Warren, *Organic Chemistry*, 2nd Edition, Oxford University Press, Oxford, **2012**, pág. 473-497.

13. Síntesis 4-metoxi-2-nitroanilina a partir de anisol.

El análisis de la estructura de la molécula objetivo nos indica que se trata de un benceno trisustituido con grupos metoxi, nitro y amino. El grupo metoxi está ya presente en el material de partida. Por lo tanto, la síntesis se reduce a introducir el grupo nitro mediante una reacción de nitración y el grupo amino por nitración y reducción de un grupo nitro.[1] Con el análisis retrosintético hemos de establecer el orden adecuado con el que llevar a cabo estas reacciones.

En principio tendríamos dos posibles rutas retrosintéticas según qué grupo desconectemos en primer lugar.

Como ya se ha dicho en ejercicios anteriores, siempre es preferible la desconexión que nos conduzca a un producto simétrico. En este caso elegimos la desconexión (a) que se correspondería con la reacción de nitración de la *para*-nitroanilina. Esta desconexión también está de acuerdo con la posición *para* de los sustituyentes y el efecto orientador del grupo amino (*orto-para*) que debe predominar sobre el efecto orientador del grupo metoxi.

Por su parte, la desconexión (b) conduce al *meta*-nitroanisol, producto no simétrico y por lo tanto, esta desconexión se descarta.

Ahora bien, volviendo a la desconexión (a), hay que tener en cuenta que en las condiciones ácidas en las que se lleva a cabo la nitración de la *para*-metoxianilina el grupo amino se protonará transformándose en el grupo $-NH_3^+$ que es fuertemente desactivante y orientador *meta*. Por lo tanto, la primera ruta sintética hay que modificarla protegiendo el grupo amino frente a la reacción ácido-base, lo cual se suele hacer transformándolo en un grupo amida (reconexión C-N amida).

Después de esta reconexión se continua el análisis retrosintético con una desconexión (c) del grupo nitro, desconexión (d) de tipo C-N (amida), interconversión del grupo funcional amino a nitro y finalmente desconexión (e) de tipo C-N (nitro) que se correspondería con la reacción de nitración del anisol.

Así pues, el análisis retrosintético nos ha proporcionado la siguiente ruta sintética: El tratamiento de anisol con mezcla sulfonítrica (HNO_3/H_2SO_4) conduce a *para*-nitroanisol, el cual se somete a una reacción de reducción con Fe metálico en presencia de HCl, obteniéndose la 4-metoxianilina tras neutralización.

Como hemos descrito anteriormente, debemos proteger el grupo amino en forma de amida previamente a la reacción de nitración. Así, la 4-metoxianilina se trata con anhídrido acético para dar el correspondiente producto acetilado. La nitración posterior se puede llevar a cabo en condiciones relativamente suaves, ya que el sustrato es un compuesto aromático con elevada densidad electrónica. Finalmente, la hidrólisis de la amida en condiciones básicas conduce a la 4-metoxi-2-nitroanilina buscada.

Bibliografía.

1) J. Clayden, N. Greeves, S. Warren, *Organic Chemistry*, 2nd Edition, Oxford University Press, Oxford, **2012**, pág. 494.

14. Síntesis 2-(clorometil)-1-metoxi-4-nitrobenceno a partir de fenol.

El análisis de la estructura de la molécula objetivo nos indica que se trata de un benceno trisustituido con grupos metoxi, nitro y clorometilo. El grupo metoxi se puede preparar fácilmente a partir del grupo hidroxilo presente en el material de partida mediante una síntesis de Williamson y los grupos nitro y clorometilo se pueden introducir mediante reacciones de sustitución aromática electrofílica (nitración y clorometilación respectivamente).[1] Con el análisis retrosintético hemos de establecer el orden adecuado con el que se deben llevar a cabo estas reacciones.

Considerando que el grupo metoxilo ya está unido al anillo bencénico (en forma de grupo hidroxilo), en principio tendríamos dos posibles rutas retrosintéticas según cual sea el grupo (-NO_2 o -CH_2Cl) que desconectemos en primer lugar.

Como ya se ha dicho en ejercicios anteriores, siempre que los efectos orientadores de los grupos no entren en contradicción, es preferible la desconexión que nos conduzca a un producto simétrico. En este caso elegimos la desconexión (a) que se correspondería con la reacción de clorometilación del *para*-nitroanisol. Esta desconexión también está de acuerdo con el efecto orientador del grupo metoxi (*orto-para*). Descartaríamos la desconexión (b) correspondiente a la reacción de nitración del 2-clorometilanisol.

A partir del *para*-nitroanisol se continua el análisis retrosintético con una desconexión (c) del tipo C-N que se corresponde con la reacción de nitración del anisol y finalmente una desconexión (d) de tipo C-O (éter) correspondiente a una síntesis de Williamson.

Así pues, el análisis retrosintético nos ha proporcionado la siguiente ruta sintética: El tratamiento del fenol con ioduro de metilo en medio básico (NaOH) conduce al anisol. El tratamiento del anisol con mezcla sulfonítrica (HNO$_3$/H$_2$SO$_4$) da lugar al *para*-nitroanisol mediante una sustitución aromática electrofílica. Finalmente, la clorometilación del *para*-nitroanisol utilizando formaldehído y ácido clorhídrico en presencia de $ZnCl_2$ como catalizador (reacción de Blanc) rinde 2-(clorometil)-1-metoxi-4-nitrobenceno.

Bibliografía.

1) F. A. Carey, R. J. Sundberg, *Advanced Organic Chemistry*, Part B, 5th Edition, Springer, New York, **2007**, pág. 1023.

15. Síntesis de 1-(*terc*-butil)-2-metoxi-4-metil-3,5-dinitrobenceno a partir de un fenol monosustituido.

El análisis de la estructura de la molécula objetivo nos indica que se trata de un benceno pentasustituido con un grupo metoxi, dos grupos alquilo y dos grupos nitro. El grupo metoxi se puede preparar fácilmente a partir del hidroxilo fenólico presente en el material de partida mediante una síntesis de Williamson. Los grupos alquilo se pueden introducir mediante reacciones de alquilación de Friedel-Crafts y los grupos nitro mediante una reacción de nitración.[1] Con el análisis retrosintético hemos de establecer el orden adecuado con el que llevar a cabo estas transformaciones.

Considerando que las reacciones de Friedel-Crafts no tienen lugar en anillos bencénicos desactivados por grupos nitro, hemos de introducir estos grupos nitro en la etapa final de la síntesis. Por lo tanto, el análisis retrosintético se iniciará precisamente con una desconexión (a) de tipo C-N en la que desconectamos ambos grupos nitro.

Considerando que el grupo metoxi ya está presente en el anillo bencénico del material de partida (en forma de grupo hidroxilo) podemos continuar el análisis retrosintético con dos posibles rutas, según cual sea el grupo alquilo (*terc*-butilo o metilo) que se desconecte en primer lugar. La desconexión (b) se correspondería con una metilación de Friedel-Crafts del *orto-terc*-butilanisol, mientras que la desconexión (c) se correspondería con una reacción de *terc*-butilación del *meta*-metilanisol.

Es preferible la desconexión (c) por dos razones. Las reacciones en la que se introduce un grupo *terc*-butilo en un anillo aromático dan mejores resultados (a través de un mecanismo S_N1 en la formación del carbocatión) que las reacciones de metilación (en las que no se llega a formar ningún carbocatión). En segundo lugar, el metoxi es un grupo orientador *orto-para* más fuerte que los grupos alquilo, por lo tanto, la reacción de metilación correspondiente a la desconexión (b) no conduciría al producto deseado, sino que mayoritariamente se obtendría el 2-*terc*-butil-4-metilanisol.

Por su parte la reacción de *terc*-butilación correspondiente a la desconexión (c) conduce mayoritariamente al isómero deseado 2-*terc*-butil-5-metilanisol junto a una pequeña cantidad de 4-*terc*-butil-3-metilanisol.

Así pues, el material de partida utilizado sería el *meta*-metilfenol y la ruta sintética sería la siguiente: el tratamiento de *meta*-metilfenol con ioduro de metilo en presencia de hidróxido sódico conduce a *meta*-metilanisol a través de una síntesis de Williamson. A continuación, llevaríamos a cabo la reacción de *terc*-butilación con cloruro de *terc*-butilo en presencia de un ácido de Lewis ($AlCl_3$) con lo que obtendríamos el 2-*terc*-butil-5-metilanisol como producto mayoritario (junto con una pequeña cantidad de 4-*terc*-butil-3-metilanisol). Finalmente, el isómero mayoritario por tratamiento con mezcla sulfonítrica daría lugar a 1-(*terc*-butil)-2-metoxi-4-metil-3,5-dinitrobenceno mediante sustitución electrofílica aromática.

Bibliografía.

1) J. Clayden, N. Greeves, S. Warren, *Organic Chemistry*, 2nd Edition, Oxford University Press, Oxford, **2012**, pág. 473-497.

16. Síntesis de 1-tetralona a partir de benceno.

Al comparar la estructura de la 1-tetralona con la del benceno observamos que en esta síntesis se ha de incorporar un anillo de ciclohexanona condensado al anillo bencénico. La presencia del grupo carbonilo en posición contigua al anillo bencénico nos indica claramente la posición de la primera desconexión. Se trata de una desconexión (a) de tipo C-C en la que participa un anillo bencénico, que nos conduce al ácido A y que se corresponde con una reacción de acilación de Friedel-Crafts.[1]

A partir del ácido A, la cadena hidrocarbonada se puede introducir en el anillo bencénico mediante una reacción de alquilación de Friedel-Crafts, pero, como ya se ha comentado en ejercicios anteriores, la introducción de un grupo alquilo se lleva a cabo de forma más conveniente de manera indirecta mediante una acilación de Friedel-Crafts seguida de reducción del grupo carbonilo. Por lo tanto, necesitamos hacer una interconversión de grupo funcional (IGF) que nos conduce al cetoácido B, en el cual haremos una desconexión (b) de tipo C-C que nos conduce al benceno y anhídrido succínico C.

Así pues, la secuencia sintética sería la siguiente: El tratamiento del benceno con anhídrido succínico en presencia de $AlCl_3$ da lugar al cetoácido B mediante una sustitución aromática electrofílica. Este compuesto se trata con amalgama de Zn en medio ácido para reducir el grupo carbonilo de la cetona mediante una reacción de Clemmensen y dar lugar al ácido A.

Con cloruro de tionilo, el grupo ácido se transforma en cloruro de ácido. Finalmente, en presencia de AlCl₃, tiene lugar la acilación de Friedel-Crafts intramolecular que conduce a la 1-tetralona.

Alternativamente, el ácido A puede tratarse con ácido fosfórico para convertirse directamente en la 1-tetralona mediante una acilación de Friedel-Crafts.

Bibliografía.

1) J. Clayden, N. Greeves, S. Warren, *Organic Chemistry*, 2nd Edition, Oxford University Press, Oxford, **2012**, pág. 568.

17. Síntesis de 1-metil-4-(4-nitrofenoxi)benceno a partir de compuestos bencénicos monosustituidos.

Compuestos bencénicos monosustituidos

La presencia en la molécula objetivo del grupo funcional éter indica claramente la posición por la que se debe iniciar el análisis retrosintético. En principio tendríamos dos posibles rutas retrosintéticas según cuál sea el enlace C-O del éter que desconectemos.

La primera desconexión (a) de tipo C-O se correspondería con una reacción de sustitución aromática nucleofílica sobre un sustrato aromático, el *para*-fluorotolueno. Es conocido que este tipo de reacciones solo tienen lugar cuando en el anillo bencénico tenemos un buen grupo saliente, el fluoruro en este caso, y además un grupo fuertemente electrón-atrayente que sea capaz de estabilizar el complejo de Meisenheimer intermedio.[1] Como no se da esta segunda condición, la mencionada $S_N Ar$ no tendría lugar. Por lo tanto, hay que descartar está primera ruta retrosintética.

La segunda posibilidad, la desconexión (b) se correspondería con una reacción de $S_N Ar$ sobre el *para*-fluoronitrobenceno en la que el *para*-metilfenol actuaría como nucleófilo. En este caso se cumplen los dos requisitos para que la reacción de $S_N Ar$ transcurra con éxito. Por lo tanto, esta segunda ruta retrosintética es la adecuada.

A partir del *para*-fluoronitrobenceno continuaríamos el análisis retrosintético con una desconexión (c) de tipo C-N que se correspondería con la reacción de nitración del fluorobenceno.

Por su parte sobre el *para*-metilfenol llevaríamos a cabo una serie de interconversiones de grupo funcional (IGF) que se corresponderían con la preparación y reactividad de las sales de diazonio[1] para finalizar con una desconexión (d) de tipo C-N que se correspondería con la reacción de nitración del tolueno. También se podría pensar en la síntesis del *para*-metilfenol utilizando la fusión alcalina de ácidos sulfónicos.

Así pues, la secuencia sintética sería la siguiente. En primer lugar, se lleva a cabo la nitración del fluorobenceno con mezcla sulfonítrica (reacción de sustitución aromática electrofílica) que conduce a una mezcla de isómeros *orto-* y *para-* del fluoronitrobenceno, que se deben separar adecuadamente.

Por su parte para llevar a cabo la síntesis del *para*-metilfenol, en primer lugar, se lleva a cabo la nitración del tolueno en la posición *para* (también se obtiene una cierta proporción del isómero *orto*, que habría que separar) con mezcla sulfonítrica (HNO_3/H_2SO_4). A continuación, se reduce el grupo nitro con Fe metálico en ácido clorhídrico para formar la *para*-toluidina tras la neutralización. Esta se trata con nitrito de sodio en medio ácido para dar lugar a la sal de diazonio que, por tratamiento ácido se hidroliza obteniéndose el *para*-metilfenol.

Finalmente se llevaría a cabo la S$_N$Ar sobre el *para*-fluoronitrobenceno utilizando *para*-metilfenol en medio básico como nucleófilo.

Bibliografía.

1) J. Clayden, N. Greeves, S. Warren, *Organic Chemistry*, 2nd Edition, Oxford University Press, Oxford, **2012**, pág. 514-523.

18. Síntesis del ácido 3-cloro-4-metoxibenzoico a partir de anisol.

El análisis de la estructura de la molécula objetivo nos indica que se trata de un benceno trisustituido con grupos metoxi, cloro y ácido carboxílico. El grupo metoxi ya está presente en el material de partida. Por lo tanto, la síntesis se reduce a introducir el átomo de cloro mediante una reacción de sustitución aromática electrofílica (cloración) y el grupo ácido carboxílico, según se verá a continuación.

Como en ejercicios anteriores, elegimos como primera desconexión la (a) que nos conduce a un producto simétrico y que se correspondería con la reacción de cloración del ácido *para*-metoxibenzoico. Teniendo presente el efecto orientador (*orto-para*) del grupo metoxi el producto resultante sería el deseado.

A partir del ácido *para*-metoxibenzoico se continúa el análisis retrosintético teniendo presente las dos maneras de introducir el grupo ácido carboxílico en la posición *para* del anisol. Una primera alternativa es utilizar la reactividad de las sales de diazonio (reacción de Sandmeyer).[1] Por lo tanto, el análisis retrosintético continúa con una interconversión de grupo funcional (IGF) de ácido carboxílico a nitrilo, una desconexión (b) C-C y a continuación una IGF a grupo nitro, para terminar, finalmente con una desconexión (c) de tipo C-N que se corresponde con la reacción de nitración del anisol.

Así pues, este primer análisis retrosintético nos ha proporcionado la siguiente ruta sintética. El anisol se somete a tratamiento con una mezcla sulfonítrica para dar lugar a *para*-metoxinitrobenceno. El grupo nitro se reduce a grupo amino, por hidrogenación catalítica utilizando paladio sobre carbono como catalizador, obteniéndose así la *para*-metoxianilina. A continuación, mediante la reacción de Sandmeyer, se transforma el grupo amino en grupo ciano. Para ello, en primer lugar, se produce la formación de la sal de diazonio con nitrito de sodio en medio ácido y, en segundo lugar, se hace reaccionar esta sal con cianuro de cobre para dar lugar al *para*-metoxibenzonitrilo. La hidrólisis de este compuesto en medio ácido conduce al ácido *para*-metoxibenzoico. Finalmente, una sustitución aromática electrofílica utilizando cloro en presencia de tricloruro de aluminio da lugar a la cloración en la posición *orto* respecto al grupo metoxi formándose el compuesto de interés.

Una segunda alternativa para introducir el grupo ácido carboxílico es utilizar la reacción de carboxilación de un reactivo de Grignard.[1] Por lo tanto, el análisis retrosintético continúa con una desconexión (d) del tipo 1,1 C-C que se corresponde con la reacción de carboxilación del reactivo organomagnesiano, el cual por interconversión de grupo funcional nos daría el correspondiente bromuro, para finalmente con una desconexión (e) de tipo C-Br llegar al anisol.

Este segundo análisis retrosintético nos ha proporcionado una nueva ruta sintética mucho más corta que la primera y por lo tanto debería considerarse la ruta sintética de elección. En primer lugar, se produce la reacción de bromación del anisol con bromo en presencia de $FeBr_3$ mediante una sustitución aromática electrofílica. La bromación tendrá lugar mayoritariamente en la posición *para*, aunque también se obtendrá el producto bromado en *orto* en menor proporción que habría que separar. A continuación, se sintetiza el correspondiente reactivo de Grignard por tratamiento con magnesio en tetrahidrofurano. Este se hace reaccionar con dióxido de carbono y, tras hidrólisis ácida, se obtiene el ácido *para*-metoxibenzoico. Finalmente, la cloración con cloro en presencia de un ácido de Lewis mediante una sustitución aromática electrofílica conduce al ácido 3-cloro-4-metoxibenzoico.

Bibliografía.

1) J. Clayden, N. Greeves, S. Warren, *Organic Chemistry*, 2nd Edition, Oxford University Press, Oxford, **2012**, pág. 520-523 y 190-191.

19. Síntesis del ácido 2,4-diclorofenoxiacético (A) a partir de fenol.

El análisis de la molécula objetivo nos indica que se trata de un benceno trisustituido con dos átomos de cloro y un tercer grupo de tipo éter. Los dos átomos de cloro se pueden introducir mediante una reacción de sustitución aromática electrofílica y el grupo éter ofrece la posibilidad de hacer una desconexión C-O compatible con una sustitución nucleofílica (síntesis de Williamson).[1]

A partir de la molécula objetivo A procedemos al análisis retrosintético con una primera desconexión (a) de tipo C-Cl que se corresponde con una reacción de cloración del éter B. Teniendo presente el efecto orientador (*orto-para*) del grupo éter el producto resultante sería el deseado.

A partir del éter B se continua el análisis retrosintético con una desconexión (b) de tipo C-O (éter) que se corresponde con una sustitución nucleofílica del fenóxido como nucleófilo sobre el ácido 2-cloroacético.

Así pues, la secuencia sintética es la siguiente: En primer lugar, el fenol debe ser tratado con NaOH para generar fenóxido y aumentar de esta forma su nucleofílica. Posteriormente, se lleva a cabo la síntesis de éteres de Williamson con la sal sódica del ácido 2-cloroacetico, realizando un posterior tratamiento con ácido acuoso para obtener el ácido carboxílico deseado. Finalmente, la cloración con dos equivalentes permite obtener el ácido 2,4-diclorofenoxiacético (A).

Bibliografía.

1) J. Clayden, N. Greeves, S. Warren, *Organic Chemistry*, 2nd Edition, Oxford University Press, Oxford, **2012**, pág. 340.

20. Síntesis de 1,1-dimetil-2,3-dihidro-1H-indeno (A) a partir de benceno y 3-cloro-2-metilprop-1-eno.

A

En esta síntesis se trata de incorporar un anillo ciclopentánico disustituido fusionado a un anillo bencénico. Por lo tanto, el análisis retrosintético debería incluir dos desconexiones de tipo C-C en las que estuvieran implicados dos átomos de carbono del anillo bencénico. Como se ha visto en ejercicios anteriores estas desconexiones se corresponden con reacciones de Friedel-Crafts, generalmente acilaciones.

Por lo tanto, el análisis retrosintético se iniciaría con una IGF (interconversión de grupo funcional) en el metileno contiguo al anillo bencénico (compuesto B) teniendo presente la desconexión (a) de tipo C-C que se correspondería con la acilación de Friedel-Crafts como método de cierre del anillo ciplopentánico.[1] Tendríamos así el ácido C.

A   B   C

Para continuar con el análisis retrosintético del ácido C hay que darse cuenta que la cadena hidrocarbonada de este ácido es de cinco átomos de carbono mientras que el material de partida del que disponemos es de cuatro átomos de carbono. Por lo tanto, previamente a la desconexión C-C correspondiente a una segunda reacción de Friedel-Crafts hay que hacer una desconexión (b) del tipo 1,1 C-C que nos conduciría al haluro D (el átomo de carbono adicional se introduciría, como es habitual, mediante una carboxilación del correspondiente reactivo de Grignard). A partir del haluro D se procede a la desconexión (c) de tipo C-C que se correspondería con una alquilación de Friedel-Crafts utilizando un alqueno en medio ácido como fuente de un carbocatión terciario que actuaría como electrófilo.

C   D

Así pues, la secuencia sintética sería la siguiente: La alquilación de Friedel-Crafts del benceno con el 3-cloro-2-metilpropeno en medio ácido daría lugar al compuesto D. El tratamiento del cloruro D con magnesio, daría lugar al correspondiente reactivo de Grignard, el cual se haría reaccionar con dióxido de carbono, seguido por un work-up ácido conduciendo al ácido carboxílico C. A partir del ácido C, se prepara el cloruro de ácido, por reacción con cloruro de tionilo, que en presencia de un ácido de

Lewis (AlCl₃) daría lugar a la acilación de Friedel-Crafts intramolecular formándose el anillo de cinco miembros. Finalmente, la reducción de Wolff-Kishner (NH_2NH_2 en medio básico)[1] permite obtener la molécula objetivo (1,1-dimetil-2,3-dihidro-1H-indeno) (A) a partir de la cetona B.

Alternativamente, se puede plantear un segundo análisis retrosintético en el que se invierte el orden de las desconexiones (b) y (c) del primer análisis. Es decir, en primer lugar, haríamos en C la desconexión (d) asociada a la alquilación de Friedel-Crafts y, a continuación, haríamos en E la desconexión (e) asociada a la carboxilación del reactivo de Grignard.

Así pues, la secuencia sintética correspondiente a este segundo análisis retrosintético sería la siguiente:

Bibliografía.

1) J. Clayden, N. Greeves, S. Warren, Organic Chemistry, 2nd Edition, Oxford University Press, Oxford, **2012**, pág. 477-478 (acilación de Friedel-Crafts) y 540 (reducción de Wolff-Kishner).

21. Síntesis de 6-metoxicromano (A) a partir de hidroquinona (SM).

Al comparar la estructura de la molécula objetivo A con la de la hidroquinona (SM) observamos que se trata de incorporar un anillo de dihidropirano fusionado al anillo bencénico. La presencia del grupo éter facilita la primera desconexión (a) de tipo C-O que conduce al haluro B y que es compatible con una síntesis de Williamson intramolecular. Este haluro podría proceder del alqueno C por reacción de adición de HBr en presencia de peróxidos (anti-Markovnikov). El doble enlace presente en C forma parte de un grupo alilo, que está situado en posición *orto* respecto al grupo hidroxilo. Esta característica estructural nos marca el siguiente paso en el análisis retrosintético vinculado a una transposición de Claisen del éter aril-alílico D.[1] Continua el análisis con una desconexión (c) de tipo C-O que se corresponde con una nueva síntesis de Williamson entre el grupo hidroxilo libre presente en E y el bromuro de alilo. Finalmente, una nueva desconexión (d) del mismo tipo C-O (correspondiente a una síntesis de Williamson) nos conduce a la hidroquinona (SM).

Así pues, la ruta sintética sería la siguiente: Partiendo de la hidroquinona (SM), se lleva a cabo una monometilación utilizando yoduro de metilo en presencia de una base que neutraliza el HI que se forma. Hay que destacar que esta reacción transcurre con una selectividad reducida, obteniendo como subproducto el compuesto doblemente metilado. Posteriormente, seguimos el mismo procedimiento para introducir el grupo alilo mediante una síntesis de Williamson utilizando en este caso bromuro de alilo como electrófilo.

Una vez introducidos los dos grupos alquilo, el compuesto D se somete a la transposición de Claisen en condiciones térmicas. El doble enlace terminal que se forma se trata con HBr en presencia de peróxido de dibenzoílo para obtener el producto de hidrobromación con regioselectividad anti-Markovnikov. Una última reacción correspondiente a una síntesis de Williamson intramolecular con carbonato de potasio conduce al producto buscado.

Bibliografía.

1) J. Clayden, N. Greeves, S. Warren, *Organic Chemistry*, 2nd Edition, Oxford University Press, Oxford, **2012**, pág. 909-912.

22. La captodiamina (A) es un fármaco antihistamínico que se emplea como sedante y ansiolítico. Diseña una síntesis de captodiamina (A) a partir de tiofenol (SM).

Captodiamina (A)   SM

Al comparar la estructura de la molécula objetivo A con la del tiofenol (SM) de partida observamos que se trata de transformar el grupo tiol en un tioéter y además incorporar una cadena funcionalizada en la posición *para* del anillo de tiofenol.

La presencia en la cadena funcionalizada de un segundo grupo tioéter facilita la primera desconexión (a) de tipo C-S que conduce al tiol B y a 2-cloro-*N,N*-dimetiletanamina y que es compatible con una síntesis de tipo Williamson. Este tiol podría proceder, a través de una desconexión (b) C-S del cloruro C, el cual, a su vez, procedería del alcohol D. Este alcohol secundario, por interconversión de grupo funcional (IGF) de hidroxilo a cetona, se convertiría en E. La posición del grupo carbonilo presente en E nos indica claramente la siguiente desconexión (d) de tipo C-C que nos conduce al tioéter F y cloruro de benzoílo, compatible con una reacción de acilación de Friedel-Crafts. Finalmente, una desconexión (e) de tipo C-S en el tioéter F nos conduce al tiofenol de partida y cloruro de *n*-butilo compatible con una reacción tipo Williamson.

Así pues, la secuencia sintética sería la siguiente: En primer lugar, se lleva a cabo una alquilación en el átomo de azufre del tiofenol (SM) utilizando cloruro de *n*-butilo, en una reacción de tipo síntesis de éteres (o tioéteres) de Williamson. El tioéter obtenido F se somete a una reacción de acilación de Friedel-Crafts con cloruro de benzoílo en presencia de cloruro de aluminio, dando lugar al producto *para*-disustituido E de manera mayoritaria. La reducción de la cetona con borohidruro sódico permite obtener el alcohol doblemente bencílico D que se hace reaccionar con cloruro de tionilo para obtener el cloruro correspondiente C. La reacción de sustitución nucleofílica para obtener el tiol deseado B implica una secuencia en dos pasos:[1] en primer lugar el cloruro bencílico reacciona con tiourea para formar el cloruro de S-alquilisotiouronio y a continuación se lleva cabo la hidrólisis en medio básico de éste para obtener el tiol. Para finalizar, una nueva alquilación utilizando en este caso 2-cloro-N,N-dimetiletanamina permite obtener la captodiamina (A).

Bibliografía.

1) F. A. Carey, R. J. Sundberg, *Advanced Organic Chemistry*, Part B, 5th Edition, Springer, New York, **2007**, pág. 238.

23. Síntesis de 2,2-dimetil-2,3-dihidrobenzofurano (A) a partir fenol (SM).

Al comparar la estructura de la molécula objetivo con la del fenol observamos que se trata de incorporar un anillo de dihidrofurano fusionado al anillo bencénico. La presencia del grupo éter facilita la primera desconexión (a) de tipo C-O que conduce al alqueno B y que se podría asociar con la reacción de formación de éteres a partir de un grupo hidroxilo y un alqueno como precursor de un carbocatión. El doble enlace presente en B forma parte de un grupo alilo, que está situado en posición *orto* respecto al grupo hidroxilo. Esta característica estructural nos marca el siguiente paso en el análisis retrosintético que se corresponde con una transposición de Claisen del éter aril-alílico C.[1] Continua el análisis con una desconexión (b) de tipo C-O que se corresponde con una síntesis de Williamson entre el fenol (SM) de partida y el bromuro de 2-metilalilo (D).

Así pues, la secuencia sintética sería la siguiente: En primer lugar, se lleva a cabo la preparación de ((2-metilalil)oxi)benceno (C) mediante una síntesis de Williamson, a partir de fenol (SM) y bromuro de 2-metilalilo (D) en medio básico. A continuación, aplicando calor, este compuesto C sufre una transposición de Claisen obteniéndose el correspondiente *orto*-alilfenol B. Por último, en presencia de ácido, se produce la protonación del doble enlace dando lugar al carbocatión más estable (terciario) el cual es atacado por el grupo hidroxilo dando lugar así al éter cíclico, 2,2-dimetil-2,3-dihidrobenzofurano (A).

Bibliografía.

1) J. Clayden, N. Greeves, S. Warren, *Organic Chemistry*, 2nd Edition, Oxford University Press, Oxford, **2012**, pág.909-912.

24. Síntesis de 3-(cicloheptiloxi)propan-1-amina (A) a partir cicloheptanol (SM).

La cadena hidrocarbonada acíclica en la que está instalado el grupo amino es de tres átomos de carbono. Además, existe un grupo éter situado en posición relativa 1,3- con relación al grupo amino.

Como es usual en este tipo de características estructurales, el análisis retrosintético se inicia con una interconversión previa del grupo funcional amino en nitrilo, lo que nos lleva al compuesto B, sobre el que se hace una desconexión 1,3-N,O que se podría asociar con la reacción de adición conjugada del alcóxido del cicloheptanol (SM) de partida al acrilonitrilo (C).[1]

Así pues, la secuencia sintética sería la siguiente: El tratamiento del cicloheptanol con acrilonitrilo en presencia de NaOMe, que actuaría como base desprotonando el cicloheptanol, daría el producto de adición conjugada B. A continuación, el nitrilo resultante se somete a una hidrogenación catalítica en presencia de Rh/Al$_2$O$_3$,[2] proporcionando la correspondiente amina primaria A.

Bibliografía.

1) J. Clayden, N. Greeves, S. Warren, *Organic Chemistry*, 2nd Edition, Oxford University Press, Oxford, **2012**, pág. 510-511.

2) M. Freifelder, *J. Am. Chem. Soc.* **1960**, *82*, 2386-2389.

25. Síntesis de 1-(5-(hidroximetil)naftalen-1-il)etan-1-ol (A) a partir de (5-bromonaftalen-1-il)metanol (SM).

Al comparar la estructura de la molécula objetivo con la del material de partida observamos que se trata de reemplazar el átomo de bromo por una agrupación $CH_3CH(OH)$-. La presencia del grupo hidroxilo facilita la desconexión (a) de tipo 1,1 C-C que se correspondería con una reacción de Grignard utilizando acetaldehído como electrófilo.

Dada la incompatibilidad del grupo hidroxilo presente en el material de partida con la formación de un reactivo de Grignard, es necesario, con carácter previo, proteger dicho grupo hidroxilo.

Así pues, la ruta sintética sería la siguiente: En primer lugar, llevamos a cabo la protección del grupo hidroxilo en forma, por ejemplo, de éter de tetrahidropiranilo,[1] mediante reacción con dihidropirano en medio ácido. El alcohol protegido B de esta forma ya es compatible con la formación del correspondiente bromuro de arilmagnesio C, que se genera utilizando magnesio metálico.

Finalmente, el bromuro de arilmagnesio C se somete a una reacción de Grignard con acetaldehído para generar el nuevo enlace C-C. El tratamiento de la mezcla de reacción con una disolución acuosa ácida conduce al diol buscado A, promoviendo la protonación del alcóxido de magnesio y la hidrólisis del éter de tetrahidropiranilo simultáneamente.

Bibliografía.

1) J. Clayden, N. Greeves, S. Warren, *Organic Chemistry*, 2nd Edition, Oxford University Press, Oxford, **2012**, pág. 549-560.

26. Síntesis de 2-(6-(hidroximetil)naftalen-2-il)etan-1-ol (A) a partir de (6-bromonaftalen-2-il)metanol (SM).

Al comparar la estructura de la molécula objetivo A con la del material de partida observamos que se trata de reemplazar el átomo de bromo por una agrupación –CH$_2$CH$_2$OH. La presencia del grupo hidroxilo primario en esta cadena facilita la desconexión (a) de tipo 1,2 C-C que se correspondería con una reacción de Grignard utilizando óxido de etileno como electrófilo.

Dada la incompatibilidad del grupo hidroxilo presente en el material de partida con la formación de un reactivo de Grignard, es necesario, con carácter previo, proteger dicho grupo hidroxilo. En este ejercicio vamos a utilizar como grupo protector el éter de *terc*-butildimetilsililo.[1]

Así pues, la ruta sintética sería la siguiente. La reacción del (6-bromonaftalen-2-il)metanol (SM) con el cloruro de *terc*-butildimetilsililo en presencia de imidazol daría lugar al silil éter B. El tratamiento de este silil éter con magnesio utilizando THF como disolvente, daría lugar al correspondiente reactivo de Grignard, que reacciona con óxido de etileno dando el correspondiente alcóxido. El posterior work-up ácido (AcOH:H$_2$O 2:1) produciría la protonación del alcóxido resultante, así como la hidrolisis del *terc*-butildimetilsilil éter rindiendo el 2-(6-(hidroximetil)naftalen-2-il)etan-1-ol (A). La desprotección del *terc*-butildimetilsilil éter también se puede llevar a cabo en presencia de TBAF (fluoruro de tetrabutilamonio) en THF.

Bibliografía.

1) J. Clayden, N. Greeves, S. Warren, *Organic Chemistry*, 2nd Edition, Oxford University Press, Oxford, **2012**, pág. 549-560.

27. Síntesis del ácido 4-(1-hidroxietil)benzoico (A) a partir de 1-(4-bromofenil)etan-1-ona.

Al comparar la estructura de la molécula objetivo A con la del material de partida observamos que necesitamos hacer dos operaciones retrosintéticas. Por un lado, una interconversión del grupo hidroxilo secundario en cetona y por otro lado se trata de reemplazar el átomo de bromo por un ácido carboxílico. La presencia de este grupo ácido facilita una desconexión (a) de tipo 1,1 C-C compatible con una reacción de carbonatación de un reactivo de Grignard.

Dada la incompatibilidad del grupo carbonilo de cetona presente en el material de partida con la formación de un reactivo de Grignard es necesario, con carácter previo, proteger dicho grupo carbonilo, para la cual se puede pensar en la formación de un acetal.[1]

Así pues, la ruta sintética sería la siguiente. Primeramente, se lleva a cabo la protección del grupo carbonilo de cetona de 1-(4-bromofenil)etan-1-ona (SM) mediante la formación de un acetal con etilenglicol en medio ácido, obteniéndose B. A continuación, se trata el compuesto B con magnesio para formar el reactivo de Grignard. La adición de este reactivo a la molécula de CO_2, seguida del work-up conducen al ácido carboxílico C. Este work-up se ha de llevar a cabo en condiciones ácidas muy suaves (HCl diluido) para evitar la hidrólisis del acetal. En condiciones ácidas más enérgicas se obtendría directamente el compuesto D. Finalmente, la cetona se reduce selectivamente utilizando borohidruro de sodio en etanol para formar el ácido 4-(1- hidroxietil)benzoico (A).

Bibliografía.

1) J. Clayden, N. Greeves, S. Warren, *Organic Chemistry*, 2nd Edition, Oxford University Press, Oxford, **2012**, pág. 549-560.

28. Síntesis de 4,4-difenilbutan-4-hidroxi-2-ona (A) a partir de acetato de etilo (SM).

La presencia en la molécula objetivo A de un alcohol terciario con dos sustituyentes idénticos facilita la primera desconexión (a) de tipo 1,1 C-C que se correspondería con una reacción de Grignard utilizando un éster como electrófilo. Ahora bien, teniendo en cuenta que en la molécula objetivo está presente un grupo carbonilo de cetona es necesario, con carácter previo, proteger dicho grupo carbonilo.[1] Así pues, el análisis retrosintético se inicia con una interconversión de grupo funcional de cetona presente en la molécula objetivo A al correspondiente etilencetal B. A continuación, en el compuesto B hacemos la desconexión (a) de tipo 1,1 C-C que nos conduce al éster C, que mediante una interconversión de grupo funcional nos conduce al β-cetoéster D susceptible de una desconexión (b) de tipo 1,3-diCO vinculada a una condensación de Claisen del acetato de etilo (SM).

Así pues, la ruta sintética es la siguiente: En primer lugar, la condensación de Claisen del acetato de etilo (SM) con etóxido sódico/etanol da lugar al β-cetoéster D. El grupo carbonilo de cetona se protege mediante la formación del etilencetal C utilizando etilenglicol en medio ácido. A continuación, se lleva a cabo la reacción de Grignard sobre el grupo éster utilizando bromuro de fenilmagnesio. La adición de dos equivalentes de este reactivo y el posterior tratamiento con cloruro de amonio acuoso conducen al alcohol terciario B. Finalmente, para obtener la molécula objetivo 4,4-difenilbutan-4-hidroxi-2-ona (A), se lleva a cabo la hidrólisis del acetal en medio ácido.

Bibliografía.

1) J. Clayden, N. Greeves, S. Warren, *Organic Chemistry*, 2nd Edition, Oxford University Press, Oxford, **2012**, pág. 549-560.

29. Síntesis de 3,4-dimetoxibencilamina (A) a partir del ácido 3,4-dimetoxibenzoico (SM).

En la estructura de la molécula objetivo se observa la presencia de una amina primaria, manteniéndose el esqueleto hidrocarbonado del material de partida. De los diferentes métodos que existen de síntesis de aminas primarias, en este ejercicio, dado que el material de partida es un ácido carboxílico con el mismo número de átomos de carbono que la molécula objetivo, el análisis retrosintético se puede iniciar con una interconversión del grupo funcional amina por la correspondiente amida B.[1] Sobre este compuesto se hace una nueva IGF de amida a cloruro de ácido C y finalmente otra IGF al ácido carboxílico de partida D.

Así pues, la secuencia sintética sería la siguiente. El ácido 3,4-dimetoxibenzoico (SM) se hace reaccionar con cloruro de tionilo para formar el correspondiente cloruro de ácido C, cuyo tratamiento con hidróxido de amonio da lugar a la 3,4-dimetoxibenzamida (B). La reducción total del grupo carbonilo de la amida con hidruro de aluminio y litio y su posterior work-up permite la formación de la 3,4-dimetoxibencilamina (A).

Bibliografía.

1) J. Clayden, N. Greeves, S. Warren, *Organic Chemistry*, 2nd Edition, Oxford University Press, Oxford, **2012**, pág. 531-533.

30. El bromoxinilo (A) es un herbicida de contacto, cuyo uso ha sido prohibido por la Unión Europea. Diseña una síntesis de bromoxinilo (A) a partir de 4-hidroxibenzaldeído (SM).

Al comparar la estructura de bromoxinilo (A) con la del 4-hidroxibenzaldehído de partida observamos que se trata de incorporar dos átomos de bromo en las posiciones *orto* al grupo hidroxilo así como preparar el grupo ciano a partir del grupo aldehído.

Los átomos de bromo se introducen en el anillo bencénico mediante una reacción de sustitución aromática electrofílica, bromación del anillo bencénico, sin ningún problema de regioselectividad dado el carácter fuertemente activante y orientador *orto-para* del grupo hidroxilo y el grupo ciano se sintetizará utilizando reacciones estándar a partir del aldehído.

El análisis retrosintético se inicia con una interconversión del grupo ciano presente en A a la oxima B, vinculada a una reacción de deshidratación de la oxima y de esta al aldehído C. Finalmente una doble desconexión (a) del tipo C-Br en el anillo aromático que se correspondería con una reacción de bromación nos conduciría al material de partida SM.

Así pues, la secuencia sintética derivada de este análisis retrosintético sería la siguiente: Partiendo de 4-hidroxibenzaldehído (D), se lleva a cabo una reacción de bromación utilizando bromo molecular, la cual permite introducir los dos átomos de bromo en las posiciones *orto* al grupo hidroxilo. Una condensación del grupo aldehído con hidroxilamina conduce a la oxima B, producto intermedio que se somete a una deshidratación utilizando pentóxido de fósforo , dando lugar al bromoxinilo (A)

Alternativamente, se ha descrito una síntesis en la que en primer lugar se lleva a cabo la transformación del aldehído en el grupo ciano y después la bromación del anillo aromático en las posiciones *orto* al grupo hidroxilo.[1]

Bibliografía.

1) M. A. Cutulle, *et. al., J. Agric. Food. Chem.* **2014**, 62, 329-336.

31. Síntesis de 4-hidroxi-2-metoxi-3-metilbenzaldehído (A) a partir 2-metilbenceno-1,3-diol.

Al comparar la estructura de la molécula objetivo con la del material de partida observamos que se trata de incorporar un grupo formilo en el anillo bencénico y metilar uno de los dos grupos hidroxilo. El análisis retrosintético parece fácil y se podría plantear de la siguiente manera: A partir de la molécula objetivo, una primera desconexión (a) de tipo C-O (éter) compatible con una síntesis de Williamson nos conduciría a B, sobre el que llevaríamos a cabo una desconexión (b) de tipo C-C implicando un átomo de carbono de anillo aromático y que se correspondería con una reacción de formilación del anillo.

De acuerdo con este análisis, la secuencia sintética podría ser la siguiente: En primer lugar, se lleva a cabo la formilación del anillo aromático mediante la reacción de Vilsmeier Haack[1] utilizando tricloruro de fosforilo (también llamado oxicloruro de fósforo) y dimetilformamida, seguida de hidrólisis en medio básico. A continuación, se trata el benzaldehído obtenido B con yoduro de metilo para llevar a cabo la metilación del grupo hidroxilo en C-2 mediante la reacción de Williamson. Sin embargo, es previsible que en la reacción de monometilación del compuesto B el producto resultante sea D y no la molécula objetivo A, como consecuencia de la mayor reactividad del hidroxilo en C-4 frente al situado en C-2 con mayor impedimento estérico y formación de enlace de hidrógeno intramolecular con el grupo formilo.

Por lo tanto, es necesario proteger este grupo hidroxilo en C-4 y después llevar a cabo la metilación del hidroxilo en C-2, con lo cual se obtendría el compuesto F. Para ello, se trata el compuesto B con bromuro de bencilo en presencia de bicarbonato de sodio y yoduro de potasio para obtener el compuesto E cuyo hidroxilo en C-4 se encuentra protegido. Seguidamente, se puede llevar a cabo la metilación del grupo hidroxilo en C-2 con yoduro de metilo dando lugar al compuesto F.

Finalmente, la eliminación del grupo protector nos debería conducir a la molécula objetivo A. Sin embargo, al llevar a cabo la hidrogenólisis del éter bencílico, se produce simultáneamente la reducción del grupo formilo obteniéndose el compuesto G en lugar de la molécula objetivo A.

Se hace necesaria la protección del grupo formilo, de manera que la secuencia sintética completa es la siguiente:[2] Inicialmente, se somete el material de partida (SM) a las condiciones de la reacción de Vilsmeier-Haack con tricloruro de fosforilo en dimetilformamida. El intermedio obtenido se hidroliza en medio básico para dar lugar al producto formilado B. A continuación, se lleva a cabo la protección del grupo hidroxilo en C-4 con bromuro de bencilo obteniéndose D. Una vez protegido, se produce la metilación del grupo hidroxilo en C-2 del compuesto D con yoduro de metilo en DMF para formar el producto monometilado F mediante la reacción de Williamson. Para poder desproteger el grupo hidroxilo en C-4 sin reducir el grupo aldehído, se realiza previamente la protección de este mediante la formación del acetal con etilenglicol en medio ácido dando lugar a G. Seguidamente, se trata el producto formado con hidrógeno en presencia de paladio sobre carbono. De este modo, se produce la desprotección del grupo hidroxilo en C-4 obteniéndose H. Por último, se lleva a cabo la hidrólisis ácida del acetal y se obtiene el compuesto objetivo A.

Bibliografía.

1) J. Clayden, N. Greeves, S. Warren, *Organic Chemistry*, 2nd Edition, Oxford University Press, Oxford, **2012**, pág. 733-734.

2) Idea tomada de K. A. Volp, D. M. Johnson, A. M. Harned, *Org. Lett.* **2011**, *13*, 4486-4489.

32. La proparacaína (A) es un anestésico local para uso oftálmico. Diseña una síntesis de proparacaína (A) a partir del ácido 4-hidroxibenzoico (SM).

El análisis de la estructura de la molécula objetivo A nos indica que se trata de un benceno trisustituido, en el que los grupos éter y éster ya están prácticamente presentes en el material de partida, como fenol y ácido carboxílico respectivamente. Por lo tanto, la síntesis se reduce a la modificación de ambos grupos funcionales y a la introducción del grupo amino. Como es habitual, el grupo amino se introducirá de forma indirecta por nitración y reducción del grupo nitro. Con el análisis retrosintético hemos de establecer el orden adecuado con el que se deben llevar a cabo estas reacciones.

En un primer análisis retrosintético, la molécula objetivo A por interconversión de grupo funcional amino nos lleva al nitrocompuesto B, sobre el que hacemos una desconexión (a) de tipo C-O (éster) vinculada a una reacción de esterificación del ácido C (por ejemplo, a través del correspondiente cloruro). A continuación, una desconexión (b) de tipo C-O (éter) nos conduce al hidroxiácido D, compatible con una síntesis de Williamson de formación de éteres. Finalmente, una desconexión (c) de tipo C-N, implicando un átomo de carbono aromático, asociada a una reacción de nitración del anillo, nos conduce al ácido 4-hidroxibenzoico de partida (SM).

Así pues, la secuencia sintética sería la siguiente:[1] Inicialmente, se lleva a cabo la nitración del ácido 4-hidroxibenzoico (SM) con mezcla sulfonítrica (HNO_3/H_2SO_4) mediante una sustitución electrofílica aromática para dar lugar al compuesto D. A continuación, se hace reaccionar D con cloruro de *n*-propilo en presencia de NaOH aq. para formar el éter a partir del fenóxido mediante una reacción de Williamson. En este paso es necesaria la adición de, al menos, dos equivalentes de base: el primer equivalente se emplea en la desprotonación del ácido carboxílico, grupo más ácido de la molécula, y el segundo en la desprotonación del fenol. Tanto el grupo carboxilato como el fenóxido podrían actuar como nucleófilos frente al cloruro de alquilo. No obstante, la nucleofilia del fenóxido es mayor, por lo que será este quien ataque al cloruro de *n*-propilo dando lugar al éter. A continuación, el compuesto C se trata con cloruro de tionilo para transformar el ácido carboxílico en cloruro de ácido, el cual se hace reaccionar con 2-(dietilamino)etan-1-ol en presencia de trietilamina, conduciendo al éster B. El 2-(dietilamino)etan-1-ol se obtiene por apertura de óxido de etileno con dietilamina. Finalmente, la reducción del grupo nitro a grupo amino presente en el compuesto B con hidrógeno y Pd/C como catalizador da lugar a la proparacaína (A).

Se podría pensar en un segundo análisis retrosintético, que resultaría de intercambiar el orden de las desconexiones (a) (formación del éster) y (b) (formación del éter). Es decir, el segundo análisis retrosintético sería el siguiente:

Esta secuencia sintética alternativa comenzaría igual que la anterior, con la nitración del ácido 4-hidroxibenzoico (SM) para formar el compuesto D mediante una sustitución electrofílica aromática. A continuación, se trataría el ácido carboxílico con cloruro de tionilo para dar lugar al cloruro de ácido correspondiente y formar el éster por reacción con el 2-(dietilamino)etan-1-ol en presencia de trietilamina. A continuación, se llevaría a cabo la reacción de Williamson con cloruro de *n*-propilo. En esta secuencia, sería suficiente un equivalente de base para desprotonar el grupo fenol a fenóxido, ya que no hay otros grupos ácido en la molécula. Finalmente, se procedería a la reducción del grupo nitro a grupo amino para obtener la molécula objetivo A.

Ahora bien, en esta segunda secuencia sintética la formación del cloruro de ácido sería problemática debido a la presencia en la misma molécula de un grupo hidroxilo que podría reaccionar con el cloruro de ácido dando lugar a la formación de un polímero.

Bibliografía.

1) Z. Yanga, *et al., J. Pharm. and Biomed. Analysis* **2020**, 190, 113497.

33. Síntesis del compuesto A que se indica a continuación a partir de cualquier material de partida (C$_6$ máximo).

Cualquier material de partida C$_6$ máx.

La estructura de la molécula objetivo ofrece dos características que facilitan el análisis retrosintético. Por un lado, la agrupación biciclo[2.2.1]heptano es muy significativa y su síntesis se suele llevar a cabo mediante una reacción de Diels-Alder en la que participa el ciclopentadieno.[1]

Por otra parte, el grupo hidroxilo terciario permite llevar a cabo una primera desconexión (a) del tipo 1,1 C-C que se corresponde con la adición de un reactivo de Grignard a una cetona B. A partir de esta cetona el análisis retrosintético debe ir encaminado a situar las características estructurales propias del dienófilo y del dieno. En concreto, una adición de grupo funcional, de un doble enlace en el anillo de seis miembros, característico de los aductos de Diels-Alder, nos conduce al compuesto C. Sobre este compuesto se lleva a cabo la desconexión (b) correspondiente a la cicloadición [4+2] que nos conduce al ciclopentadieno (D) y a la metilvinilcetona (E) que actúa como dienófilo.

Así pues, la ruta sintética sería la siguiente: El primer paso es una reacción de Diels-Alder[1] entre el ciclopentadieno (D) y la metilvinilcetona (E). Como es sabido esta reacción es estereoespecífica y tiene lugar mediante una aproximación *endo* entre dieno y dienófilo, la cual permite un solapamiento secundario entre los orbitales p del grupo electrón-aceptor del dienófilo y los de los átomos de carbono centrales del dieno, que estabiliza el estado de transición y favorece la formación de aductos con los grupos electrón-aceptores en posición *endo* (producto de control cinético). En este caso, se obtiene el cicloaducto C', con el grupo acetilo en posición *endo* (es decir, cerca del doble enlace formado en la reacción). En el paso siguiente este aducto C' se trata con metóxido de sodio en metanol lo cual provoca la inversión de la configuración del carbono en α al grupo carbonilo para dar lugar al compuesto C (más estable). Este se trata con hidrógeno en presencia de paladio sobre carbono para llevar a cabo la reducción del doble enlace, formando así el compuesto B. Finalmente la adición de bromuro de fenilmagnesio en THF al grupo carbonilo de cetona y su posterior tratamiento con cloruro de amonio acuoso conduce al producto deseado A.

Bibliografía.

1) J. Clayden, N. Greeves, S. Warren, *Organic Chemistry*, 2nd Edition, Oxford University Press, Oxford, **2012**, pág. 877-893.

34. El 3-amino-4-butiramido-5-metilbenzoato de metilo (A) es un intermedio importante en la síntesis del telmisartán, fármaco utilizado para tratar la hipertensión arterial. Diseña una síntesis del compuesto A a partir de 3-metilbenzoato de metilo (SM).

El análisis de la estructura de la molécula objetivo A nos indica que se trata de un benceno tetrasustituido, en el que los grupos metilo y éster ya están presentes en el material de partida. Por lo tanto, la síntesis se reduce a la introducción del grupo amino y del grupo amido a partir de la correspondiente amina. Ambos grupos amino se introducirán como es habitual por nitración y reducción del grupo nitro.[1] Con el análisis retrosintético hemos de establecer el orden adecuado con el que se deben llevar a cabo estas reacciones.

El análisis retrosintético se inicia con una interconversión del grupo amino presente en el compuesto A a grupo nitro, compuesto B, sobre el que haríamos una desconexión C-N compatible con la reacción de nitración de C. Desconexión C-N de la amida presente en C nos llevaría a la amina D, la cual mediante una interconversión de grupo funcional nos conduciría al nitrocompuesto E. Finalmente una desconexión (c) de tipo C-N, compatible con una reacción de nitración nos conduciría al material de partida SM.

Así pues, la secuencia sintética es la siguiente:[2] En primer lugar, el tratamiento de 3-metilbenzoato de metilo (SM) con mezcla sulfonítrica (HNO_3/H_2SO_4) conduce a 3-metil-4-nitrobenzoato de etilo (E) mediante una sustitución aromática electrofílica. La reducción del grupo nitro con Fe en HCl da lugar a la correspondiente amina D la cual por reacción con cloruro de *n*-butanoilo en presencia de piridina como base se transforma en 4-butiramido-3-metilbenzoato de metilo (C). Este producto se somete a continuación a una nueva nitración aromática seguida de la reducción del grupo nitro introducido con lo que se obtiene 3-amino-4-butiramido-5-metilbenzoato de metilo (A).

Bibliografía.

1) J. Clayden, N. Greeves, S. Warren, *Organic Chemistry*, 2nd Edition, Oxford University Press, Oxford, **2012**, pág. 494-495.

2) S. Patil, *et. al.*, *Org. Process Res. Dev.* **2021**, *25*, 1391–1401.

35. La ofornina es un vasodilatador con potencial actividad antihipertensiva. Diseña una síntesis del compuesto A, análogo de la ofornina, a partir de compuestos monocíclicos.

Ofornina   A   Compuestos monocíclicos

La presencia en la molécula objetivo de dos grupos, una amida y una amina secundaria, ofrece dos posibilidades para iniciar el análisis retrosintético según cual sea el grupo funcional que desconectemos en primer lugar.

Se puede iniciar el análisis con una primera desconexión (a) del tipo C-N (amida) que nos conduce a piperidina y al cloruro de ácido B, equivalente por interconversión de grupo funcional al ácido C. Sobre este compuesto hacemos una segunda desconexión (b) del tipo C-N (amina) que nos conduce al ácido antranílico (D) y a 1-cloro-4-nitrobenceno (E), pensando en una reacción de sustitución aromática nucleofílica facilitada por la presencia del grupo nitro, fuertemente electrón-atrayente, en posición *para* respecto a la posición ocupada por el grupo saliente.[1]

A   B   C   D   E

Alternativamente, se podría iniciar un segundo análisis retrosintético con una desconexión (c) del tipo C-N (amina) que nos conduciría al compuesto F, a partir del cual una desconexión (d) del tipo C-N (amida) nos llevaría al ácido antranílico (D).

A   F   D

Sin embargo, este segundo análisis habría que descartarlo ya que en la síntesis del grupo amida presente en F se podrían plantear problemas de polimerización debido a la presencia en la molécula del grupo –NH$_2$.

Así pues, la ruta sintética sería la siguiente:[2] En primer lugar, a partir del ácido antranílico (D) y a través de una sustitución nucleofílica aromática sobre el 1-cloro-4-nitrobenceno (E) se obtiene el ácido 2-((4-nitrofenil)amino) benzoico (C). A continuación, por reacción con cloruro de tionilo tiene lugar la formación del correspondiente cloruro de ácido B, el cual no debe plantear problemas de polimerización debido a la baja nucleofilia del grupo –NH– unido a dos anillos aromáticos. Finalmente, por reacción del cloruro de ácido B con piperidina se obtiene la molécula objetivo A.

Bibliografía.

1) M. Schlosser, R. Ruzziconi, *Synthesis* **2010**, *13*, 2111-2123.

2) M. A. Aga, *et al., Bioorg. Med. Chem.* **2017**, *25*, 1440-1447.

36. El betrixaban es un anticoagulante oral actualmente en desuso. Diseña una síntesis del compuesto A, producto intermedio en la síntesis del betrixaban, a partir del ácido 5-metoxi-2-nitrobenzoico (SM) y cualquier otro material de partida necesario (C_8 máximo).

Betrixaban

A

SM

y cualquier otro material de partida necesario (C_8 máx.)

La presencia en la estructura de la molécula objetivo de dos grupos amida permite realizar las correspondientes desconexiones C-N (amida). Por lo tanto, en principio, tenemos dos posibles análisis retrosintéticos que se diferenciarán en el orden en que se lleven a cabo las desconexiones de uno u otro grupo amida.

En el primer análisis elegimos como primera desconexión la (a) del tipo C-N (amida) que nos conduce al compuesto B y al cloruro de ácido C, que se puede considerar material de partida disponible. A partir del compuesto B llegamos a D mediante una interconversión del grupo amino a nitro. Finalmente, sobre D hacemos una segunda desconexión (b) del tipo C-N (amida) que nos conduce al ácido 5-metoxi-2-nitrobenzoico (SM) y a 2-amino-5-cloropiridina (E) que se puede considerar como material de partida disponible.

Así pues, la secuencia sintética derivada de este primer análisis sería la siguiente:[1] El ácido 5-metoxi-2-nitrobenzoico (SM) se trata con la amina E, $POCl_3$ y piridina en acetonitrilo como disolvente dando lugar a la amida D. El grupo funcional nitro presente en D en presencia de H_2 y un catalizador de Pt/C se reduce y rinde la amina B. Finalmente, la amina B se hace reaccionar con el cloruro de ácido C en presencia de piridina en THF como disolvente dando lugar a la molécula objetivo A.

En el segundo análisis retrosintético se invierte el orden en el que se llevan a cabo las dos desconexiones C-N (amida). La primera desconexión (c) conduce a los compuestos E y F. A partir de este último se hace la segunda desconexión (d) de tipo C-N (amida) que nos conduce a C y G que estaría vinculada a la reacción de sustitución nucleofílica del grupo amino presente en G sobre el cloruro de ácido C. Finalmente una interconversión del grupo amino de G por un grupo nitro nos conduce al ácido carboxílico de partida (SM).

Aunque en G están presentes dos grupos nucleofílicos (el grupo carboxilo y el grupo amino) que pueden reaccionar con el cloruro de ácido C, la gran diferencia de reactividad entre ellos debe permitir preparar la correspondiente amida F sin ningún problema. De hecho, la secuencia sintética derivada de este segundo análisis también esta descrita en la bibliografía.[2]

La segunda secuencia sintética conducente a la molécula objetivo sería la siguiente:[2] El ácido 5-metoxi-2-nitrobenzoico (SM) se trata con H_2 en presencia de Pd/C dando lugar a la amina G. Esta amina G se hace reaccionar con el cloruro de ácido C en presencia de Et_3N, rindiendo el compuesto F. El grupo ácido presente en F se transforma en el correspondiente cloruro de ácido por tratamiento con $SOCl_2$ y este se hace reaccionar con la amina E, en presencia de hidruro de sodio en acetonitrilo, rindiendo la molécula objetivo A.

Bibliografía.

1) a) J. P. Kanter, K. Suizno and S. S. Zuberi, *WO Patent 2008057972*, **2008**. b) A. C. Flick, *et al.*, *J. Med. Chem.* **2019**, *62*, 7340-7382.

2) J. Li, *et al.*, *J. Chem. Res.* **2015**, *39*, 524-526.

37. El pridinol (A) es un relajante muscular. Diseña una síntesis del pridinol (A) a partir de piperidina (SM) y cualquier otro material de partida (C_6 máximo).

y cualquier otro material de partida necesario (C_6 máx.)

La presencia en la molécula objetivo A de un alcohol terciario con dos grupos idénticos nos ofrece la posibilidad de una primera desconexión (a) de tipo 1,1 C-C asociada a la reacción de un reactivo de Grignard con un éster que nos lleva al compuesto B y al bromuro de fenilmagnesio (C). En el compuesto B observamos que el anillo de piperidina está en posición β respecto al grupo carbonilo de éster, por lo tanto, nos permite hacer una desconexión (b) de tipo 1,3-diX que nos conduce a la piperidina (SM) y al acrilato de etilo (D). Esta desconexión está asociada a una reacción de adición conjugada de la piperidina al doble enlace del éster α,β-insaturado.

Así pues, la secuencia sintética sería la siguiente:[1] La adición conjugada de piperidina (SM) a acrilato de etilo (D) conduce al correspondiente β-aminoéster B. La posterior adición de dos equivalentes de bromuro de fenilmagnesio y consiguiente tratamiento ácido acuoso, permite obtener la molécula objetivo.

Bibliografía.

1) D. W. Adamson, *GB Patent 624118*, **1949**.

38. La prociclidina (A) es utilizado para el tratamiento de la enfermedad de Parkinson. Diseña una síntesis de prociclidina a partir de cualquier material de partida (C$_6$ máximo).

La molécula objetivo ofrece dos características estructurales que facilitan el análisis retrosintético. Por un lado, el grupo hidroxilo terciario permite llevar a cabo una primera desconexión (a) del tipo 1,1 C-C vinculada a la adición de un reactivo de Grignard a una cetona B. En este compuesto, la posición relativa entre el grupo carbonilo y la amina terciaria permite hacer una desconexión (b) de tipo 1,3-diX compatible con una adición de aminometilación de Mannich entre la acetofenona (C), la pirrolidina (D) y formaldehído.[1] A partir de acetofenona (C) se lleva a cabo la desconexión (c) de tipo C-C asociada a una reacción de acilación de Friedel-Crafts que nos conduce al benceno (SM).

Así pues, la ruta sintética sería la siguiente:[2] El primer paso es la acilación de Friedel-Crafts de benceno con cloruro de acetilo en presencia de un ácido de Lewis como tricloruro de aluminio para formar la acetofenona (C). La reacción de aminometilación de Mannich entre esta, la pirrolidina (D) y formaldehído conduce al compuesto B. Finalmente, se lleva a cabo la adición de bromuro de ciclohexilmagnesio en THF al grupo carbonilo de cetona en el compuesto B y el posterior tratamiento del alcóxido resultante con cloruro de amonio acuoso conduce a la prociclidina (A).

Bibliografía

1) J. Clayden, N. Greeves, S. Warren, *Organic Chemistry*, 2nd Edition, Oxford University Press, Oxford, **2012**, pág 620-622.

2) D. W. Adamson, P. A. Barrett, S. Wilkinson, *J. Chem. Soc.* **1951**, 52.

39. El biperideno (A) es utilizado para el tratamiento de la enfermedad de Parkinson. Diseña una síntesis de biperideno a partir de cualquier material de partida (C$_6$ máximo).

Cualquier material de partida (C$_6$ máx.)

A

La molécula objetivo A ofrece tres características estructurales que facilitan el análisis retrosintético. Por un lado, la agrupación biciclo[2.2.1]heptano es muy significativa y su síntesis se suele llevar a cabo mediante una reacción de Diels-Alder en la que participa el ciclopentadieno.[1] Por otra parte, el grupo hidroxilo terciario permite llevar a cabo una primera desconexión (a) del tipo 1,1 C-C que se corresponde con la adición de un reactivo de Grignard a una cetona B. En este compuesto, la posición relativa entre el grupo carbonilo y la amina terciaria permite hacer una desconexión (b) de tipo 1,3-diX compatible con una reacción de aminometilación de Mannich[1] entre la metilcetona C, la piperidina (D) y el formaldehído. Sobre esta cetona C se lleva a cabo la desconexión (c) correspondiente a la cicloadición [4+2] que nos conduce al ciclopentadieno (SM) y a la metilvinilcetona (E) que actúa como dienófilo.

Así pues, la ruta sintética sería la siguiente:[2] El primer paso es una reacción de Diels-Alder entre el ciclopentadieno (SM) y la metilvinilcetona (E). Como es sabido esta reacción tiene lugar mediante una aproximación *endo* entre dieno y dienófilo, la cual permite un solapamiento secundario entre los orbitales π del grupo electrón-aceptor del dienófilo y los de los átomos de carbono centrales del dieno, que estabiliza el estado de transición y favorece la formación de aductos con los grupos electrón-aceptores con estereoquímica *endo* (producto de control cinético). En este caso, se obtiene el cicloaducto C', con el grupo acetilo con estereoquímica *endo* (es decir, cerca del doble enlace formado en la reacción). En el paso siguiente este aducto C' se trata con metóxido de sodio en metanol lo cual provoca la inversión de la configuración del carbono en α al grupo carbonilo para dar lugar al aducto *exo* C, termodinámicamente más estable.

La cetona C se trata con piperidina (D) en presencia de formaldehído para obtener el producto de la reacción de Mannich B. Finalmente, la adición de bromuro de fenilmagnesio en THF al grupo carbonilo de cetona y el posterior tratamiento del alcóxido resultante con cloruro de amonio acuoso conduce al producto deseado A.

Bibliografía.

1) J. Clayden, N. Greeves, S. Warren, *Organic Chemistry*, 2nd Edition, Oxford University Press, Oxford, **2012**, pág. 620-622 y 877-893.

2) T. P. Stockdale, C. M. Williams, *Chem. Soc. Rev.*, **2015**, *44*, 7737–7763.

40. La fenotrina (A) es un piretroide sintético utilizado como insecticida para uso doméstico. Diseña una síntesis de fenotrina (A) a partir de ácido crisantémico (SM) y cualquier otro material de partida necesario (C_7 máximo).

Al analizar la estructura de la fenotrina (A) observamos que se trata de un éster del ácido crisantémico (SM), por lo tanto, el análisis retrosintético se inicia con una desconexión (a) de tipo C-O (éster) que nos conduce al ácido crisantémico (SM) y al alcohol B. A partir de este compuesto B se puede hacer una desconexión (b) de tipo C-O en el éter diarílico, vinculada a una reacción de acoplamiento cruzado tipo Ullmann catalizada por una sal de cobre,[1] que nos conduce al fenol sustituido C y a clorobenceno (D), que se pueden considerar materiales de partida.

Así pues, la ruta sintética correspondiente a este análisis retrosintético es la siguiente:[2,3] Se inicia la síntesis con la obtención del alcohol B la cual se lleva a cabo mediante la reacción de acoplamiento cruzado de tipo Ullmann entre el 3-(2-hidroxietil)fenol (C) y clorobenceno (D) catalizada por una sal de cobre, $CuSO_4$, y el ligando N-(9H-carbazol-9-il)picolinamida (L).

Por otra parte, el ácido crisantémico (SM) se transforma en el correspondiente cloruro de ácido (E) con cloruro de oxalilo en presencia de DMF. La posterior reacción de esterificación de E con el alcohol B en presencia de piridina conduce a la fenotrina (A).

Bibliografía.

1) Q. Yang, Y. Zhao, D. Ma, *Org. Process. Res. Dev.* **2022**, *26*, 1690–1750.

2) C. Flick, *et. al., Bioorg. Med. Chem.* **2016**, *24*, 1937–1980.

3) P. Hong, *et. al., Org. Lett.* **2024**, *26*, 7202–7206.

41. La bupropiona (A) es un fármaco utilizado en el tratamiento del tabaquismo. Diseña una síntesis de bupropiona (A) a partir de benceno (SM) y cualquier otro material de partida necesario.

La presencia en la molécula objetivo A del grupo funcional amina unido al carbono α al grupo carbonilo indica claramente la posición por la que se debe iniciar el análisis retrosintético. Así pues, la primera desconexión (a) de tipo C-N se correspondería con una sustitución nucleofílica a partir de la α-bromocetona B utilizando *terc*-butilamina como nucleófilo. A su vez, en el producto B haríamos una desconexión (b) de tipo C-Br, vinculada a una reacción de bromación en α al grupo carbonilo,[1] que nos conduciría a la *meta*-cloropropiofenona (C). Teniendo en cuenta que el átomo de cloro orienta a *orto-para* y que el grupo carbonilo orienta a *meta* continua el análisis retrosintético con una desconexión C-Cl que se correspondería con una reacción de cloración electrofílica en la posición *meta* de la propiofenona (D). Finaliza este análisis con una desconexión (d) del tipo C-C vinculada a una reacción de acilación de Friedel-Crafts del benceno (SM).

Así pues, la ruta sintética, derivada de este análisis retrosintético, es la siguiente:[2] El tratamiento del benceno (SM) con cloruro de propanoilo en presencia de un ácido de Lewis como catalizador, por ejemplo, tricloruro de aluminio, conduce a propiofenona (D) mediante una acilación de Friedel-Crafts. A continuación, la reacción de la propiofenona (D) con Cl_2 en combinación con $FeCl_3$, permite obtener la *meta*-cloropropiofenona (C) mediante una sustitución aromática electrofílica. El compuesto C por tratamiento con Br_2 en presencia de ácido acético experimenta, a través de su forma enólica, una reacción de bromación en α obteniéndose el compuesto B. Por último, la sustitución nucleofílica del átomo de bromo en el compuesto B utilizando la *terc*-butilamina rinde la molécula objetivo bupropiona (A).

Bibliografía.

1) J. Clayden, N. Greeves, S. Warren, *Organic Chemistry*, 2nd Edition, Oxford University Press, Oxford, **2012**, pág.461-464.

2) P. M. O'Bryne, R. Williams, J. J. Walsh, J. F. Gilmer, *Pharmaceuticals*, **2014**, *7*, 595-620.

42. Síntesis de 3-(bencilamino)-1,3,4,5-tetrahidro-2H-benzo[b]azepin-2-ona (A) a partir de α-tetralona (SM).

La presencia en la molécula objetivo de dos grupos, una amida y una amina secundaria, ofrece dos posibilidades para iniciar el análisis retrosintético según cual sea el grupo funcional que desconectemos en primer lugar.

Se puede iniciar el análisis retrosintético con una primera desconexión (a) del tipo C-N (amina) que nos conduce a la bromolactama B y a bencilamina compatible con una reacción S_N2. A continuación una desconexión (b) que estaría vinculada a una transposición de Beckmann[1] nos llevaría a la bromooxima C, sobre la cual haríamos una desconexión (c) que se corresponde con la reacción de formación de oximas[1] y nos conduciría a la bromocetona D. Finalmente una desconexión (d) de tipo C-Br nos conduciría la α-tetralona de partida (SM) vinculada a una reacción de halogenación en α a un grupo carbonilo.[1]

Alternativamente, se podría llevar a cabo un segundo análisis retrosintético empezando con la desconexión (e) relacionada con la transposición de Beckmann, que nos llevaría a la amino-oxima E. No obstante, esta transposición de Beckmann podría resultar problemática ya que en las condiciones ácidas de la reacción se protonaría la amina dificultando la propia transposición. Por lo tanto, parece más adecuado el primer análisis retrosintético.

Así pues, la ruta sintética sería la siguiente: El tratamiento de la α-tetralona con bromo molecular en acético daría lugar a la α-bromocetona D. A partir de la α-bromocetona D se prepara la correspondiente oxima C por reacción con el clorhidrato de hidroxilamina, en presencia de acetato de sodio. Posteriormente, la bromo-oxima C por tratamiento con H_3PO_4, experimenta la transposición de Beckmann conduciendo a la bromolactama B. Finalmente, la reacción de S_N2 entre la bromolactama B y la bencilamina como nucleófilo daría lugar a la molécula objetivo A.

Bibliografía.

1) J. Clayden, N. Greeves, S. Warren, *Organic Chemistry*, 2nd Edition, Oxford University Press, Oxford, **2012**, pág.229-232 (formación de oximas), 461-464 (halogenación de cetonas) y 958-960 (transposición de Beckmann).

43. Síntesis del ácido 7-etil-8-metilnonanoico (A) a partir de 5-etil-6-metilhept-1-eno (SM)

La molécula objetivo A es un ácido carboxílico con una cadena hidrocarbonada con dos átomos de carbono más que el material de partida. Por lo tanto el análisis retrosintético nos hace pensar en una desconexión (a) del tipo 1,2 C-C compatible con una síntesis malónica[1] y para la que se requiere el haluro B, el cual procederá del alqueno de partida mediante una interconversión de grupo funcional, vinculada a una hidrobromación de un doble enlace con regioselectividad anti-Markovnikov.

Así pues, la secuencia sintética sería la siguiente: En primer lugar, se lleva a cabo la hidrobromación del doble enlace del compuesto 5-etil-6-metilhept-1-eno (SM) con ácido bromhídrico en presencia de peróxidos (anti-Markovnikov) con lo que se obtiene el compuesto 1-bromo-5-etil-6-metilheptano (B). A partir de este bromuro por reacción con el malonato de etilo en medio básico se obtiene 2-(5-etil-6-metilheptil)malonato de dietilo. Finalmente, por hidrólisis de los grupos ésteres y descarboxilación se obtiene el ácido 7-etil-8-metilnonanoico (A).

Bibliografía.

1) J. Clayden, N. Greeves, S. Warren, *Organic Chemistry*, 2nd Edition, Oxford University Press, Oxford, **2012**, pág.595-598.

44. Síntesis de 8-etil-9-metildecan-2-ona (A) a partir de 5-etil-6-metilhept-1-eno (SM).

La molécula objetivo A es una metilcetona que forma parte de una cadena hidrocarbonada con tres átomos de carbono más que el material de partida. Es decir, se trata de incorporar la agrupación $CH_3C(=O)CH_2-$ Por lo tanto, el análisis retrosintético nos hace pensar en una desconexión (a) del tipo 1,2 C-C que se corresponde con una síntesis acetilacética[1] y para la que se requiere el haluro B, el cual procederá del alqueno de partida mediante una interconversión de grupo funcional, vinculada a una hidrobromación de un doble enlace con regioselectividad anti-Markovnikov.

Así pues, la secuencia sintética es la siguiente: El primer paso de la síntesis es una hidrobromación del alqueno de partida con HBr en presencia de peróxidos, obteniendo el halogenuro de alquilo B con regioselectividad anti-Markovnikov. Este haluro se trata con el enolato del acetilacetato de etilo, generando el correspondiente enlace C-C. Por último, la síntesis acetilacética se completa tratando el acetilacetato sustituido con agua en medio ácido bajo condiciones térmicas. De esta forma se provoca la hidrólisis del éster y la consiguiente descarboxilación del ácido obtenido, obteniendo así la cetona buscada A.

Bibliografía.

1) J. Clayden, N. Greeves, S. Warren, *Organic Chemistry*, 2nd Edition, Oxford University Press, Oxford, **2012**, pág.595-598.

45. Síntesis de 4-metilpent-4-enoato de 3-metilbut-3-en-1-ilo (A) a partir de 3-bromo-2-metilprop-1-eno (SM).

El análisis retrosintético de la molécula objetivo A se inicia con la desconexión (a) del tipo C-O de un éster que nos conduce al ácido B y el alcohol C. El ácido B tiene dos átomos de carbono más que el haluro de partida, por lo tanto, el análisis retrosintético continua con una desconexión (b) del tipo 1,2 C-C vinculada a una síntesis malónica.[1]

Por su parte el alcohol C tiene un átomo de carbono más que el haluro de partida por lo que tendremos que hacer una desconexión (c) del tipo 1,1 C-C que se corresponde con una reacción de un reactivo de Grignard con formaldehido.[1]

Así pues, la ruta sintética es la siguiente: El tratamiento del malonato de dimetilo con metóxido sódico genera el correspondiente enolato, el cual se alquila con 3-bromo-2-metilpropeno (SM) mediante una sustitución nucleofílica y la posterior hidrólisis/descarboxilación conducen al ácido B, cuya reacción con cloruro de tionilo/piridina rendirá el cloruro de ácido D.

Por otro lado, el 3-bromo-2-metilpropeno (SM) es tratado con magnesio en THF, dando lugar al correspondiente reactivo de Grignard que reacciona con formaldehido, seguido del correspondiente work-up ácido, dando lugar al alcohol C. Finalmente, la formación del éster A se lleva a cabo por reacción del cloruro de ácido D con el alcohol C en presencia de piridina.

Bibliografía.

1) J. Clayden, N. Greeves, S. Warren, *Organic Chemistry*, 2nd Edition, Oxford University Press, Oxford, **2012**, pág.191 y 595-598.

46. La civamida (A) es un medicamento utilizado para tratar la artrosis de rodilla y otros dolores neuropáticos. Diseña una síntesis de civamida (A) a partir de anhidrido adípico (SM) y cualquier otro material de partida (C$_8$ máximo).

y cualquier otro material de partida (C$_8$ máx.)

La presencia en la molécula objetivo A de un grupo amida y de un doble enlace C=C nos ofrece la posibilidad de hacer dos desconexiones. Se puede iniciar el análisis retrosintético con una desconexión (a) del tipo C-N de amida que nos conduce a la amina B (que se puede considerar material de partida) y el cloruro de ácido C. Este cloruro por interconversión de grupo funcional nos conduce al correspondiente ácido D. En este compuesto D hacemos una desconexión (b) de tipo C=C vinculada a una reacción tipo Wittig[1] con lo que llegamos a la sal de fosfonio derivada del bromuro E y al isobutanal (F). A partir del bromoácido E, en el que ya tenemos la cadena hidrocarbonada de seis átomos de carbono, se llega al anhídrido adípico de partida (SM)

Así pues, la secuencia sintética es la siguiente:[2] La apertura de anhídrido adípico (SM) con metanol conduce al ácido 6-metoxi-6-oxohexanoico (H) el cual mediante el empleo de borohidruro de litio se reduce quimioselectivamente para dar el ácido 6-hidroxihexanoico (G). A continuación, se lleva a cabo la sustitución nucleofílica del grupo hidroxilo por un átomo de bromo, utilizando tribromuro de fósforo, dando lugar al ácido 6-bromohexanoico (E).

Seguidamente, el compuesto E se somete a una reacción con trifenilfosfina, lo que conduce a la formación de la correspondiente sal de fosfonio mediante un mecanismo de sustitución nucleofílica S$_N$2. Posteriormente, esta sal por desprotonación con una base fuerte (^{t}BuOK) en dimetilformamida genera el correspondiente iluro, el cual se hace reaccionar con isobutanal en una reacción de Wittig, generando el compuesto D, que contiene un alqueno con configuración *cis*. Conviene hacer notar que en la etapa de desprotonación se requieren 2 equivalentes de *terc*-butóxido de potasio. El primer equivalente reacciona con el ácido carboxílico y el segundo genera el iluro.

El grupo ácido carboxílico presente en la molécula se activa mediante su conversión a cloruro de ácido C utilizando cloruro de tionilo. Finalmente, este cloruro de ácido reacciona con la amina B, lo que permite la formación del enlace amida del producto deseado A.

Bibliografía.

1) J. Clayden, N. Greeves, S. Warren, *Organic Chemistry*, 2nd Edition, Oxford University Press, Oxford, **2012**, pág.237-238.

2) H. Kaga, M. Miura, K. Orito *J. Org. Chem.* **1989**, *54*, 3477-3478.

47. El ácido sydowico (A) es un metabolito aislado del hongo *Aspergillus sydowi*. Diseña una síntesis del ácido sydowico (A) a partir de *meta*-cresol (SM₁) y anhídrido glutárico (SM₂).

Al comparar la estructura de la molécula objetivo A con la del *meta*-cresol (SM₁)de partida observamos que se trata de incorporar un anillo de tetrahidropirano a la posición 4 del anillo bencénico. Además, el grupo ácido de la molécula objetivo A debe proceder del grupo metilo del *meta*-cresol.

Precisamente, se puede iniciar el análisis retrosintético con esta interconversión de grupo funcional que acabamos de señalar que nos conduce al compuesto B. A continuación, la presencia del grupo éter nos indica claramente la posición de la primera desconexión (a) de tipo C-O que nos conduciría al diol C, que se podría asociar a una reacción de deshidratación intramolecular en medio ácido. Los dos grupos hidroxilo de este diol C están situados sobre carbono terciario, uno de ellos unido a dos grupos metilo y el otro al anillo bencénico y a un grupo metilo. Por lo tanto, este compuesto C es susceptible de una triple desconexión (b) de tipo 1,1 C-C vinculada a una reacción de un reactivo de Grignard a un éster y una cetona, la cual nos conduce al compuesto D.

El grupo carbonilo de cetona situado en posición contigua al anillo bencénico y la relación 1,5-del éster y la cetona nos permiten hacer una nueva desconexión(c) asociada a una reacción de acilación de Friedel-Crafts del *meta*-cresol (SM₁) con anhídrido glutárico (SM₂).[1]

Así pues, la secuencia sintética es la siguiente:[2] En primer lugar, se lleva a cabo una acilación de Friedel-Crafts en la posición 6 del *meta*-cresol (SM$_1$) con anhídrido glutárico (SM$_2$) en presencia de tricloruro de aluminio como ácido de Lewis. El producto obtenido se trata con metanol en medio ácido para llevar a cabo la esterificación del ácido carboxílico y obtener el compuesto D. Este se hace reaccionar con 4 equivalentes de yoduro de metilmagnesio en THF, de modo que se produce la doble adición del metilo sobre el carbono carbonílico del éster y la adición sobre el carbono carbonílico de la cetona, dando lugar a los correspondientes grupos hidroxilos del diol C. La necesidad de utilizar 4 equivalentes del reactivo de Grignard deriva de la presencia del grupo hidroxilo fenólico en la molécula de partida D. A continuación, mediante una reacción de deshidratación intramolecular en medio ácido sulfúrico se forma el éter cíclico B. Seguidamente, para llevar a cabo la oxidación del metilo bencílico, se protege previamente el grupo hidroxilo fenólico con anhídrido acético y se trata el compuesto protegido con permanganato de potasio para dar lugar al ácido carboxílico. Por último, se procede a la desprotección del fenol por saponificación del acetato en medio básico, formándose el compuesto objetivo A tras un work-up ácido.

Bibliografía.

1) J. Clayden, N. Greeves, S. Warren, *Organic Chemistry*, 2nd Edition, Oxford University Press, Oxford, **2012**, pág.493-494.

2) P. R. Vijayasarathy, R. B. Mane, G. S. K. Rao, *J. Chem. Soc., Perkin Trans. 1*, **1977**, 34-36.

48. Síntesis de 6-metil-2,3-dihidro-1H-inden-1-ona (A) a partir de 4-metilbenzaldehído (SM).

El análisis retrosintético se inicia con una primera desconexión (a) de tipo C-C en la que participa un átomo de carbono del anillo, que se corresponde con una reacción de acilación de Friedel-Crafts intramolecular[1] y que nos conduce al ácido B. Este ácido tiene dos átomos de carbono más que el aldehído de partida, por lo tanto, si añadimos un doble enlace en la posición conjugada al grupo carboxilo (AGF), llegamos a C y se facilita una desconexión 1,3-diO que se correspondería con una condensación aldólica cruzada. Ahora bien, con la finalidad de favorecer esta condensación aldólica, generalmente, y con carácter previo a esta desconexión, se suele añadir un grupo ácido carboxílico extra (AGF) que nos conduce a D. En este compuesto hacemos la última desconexión (b) de tipo 1,3-diO (condensación aldólica) que se correspondería con una reacción de Knoevenagel[1] y que nos conduciría al 4-metilbenzaldehído (SM) y malonato de etilo.

Así pues, la secuencia sintética es la siguiente: la condensación de Knoevenagel del 4-metilbenzaldehido (SM) y malonato de etilo con piperidina y ácido acético produce el correspondiente diéster insaturado, cuya hidrólisis posterior da lugar al derivado del ácido malónico D. Este compuesto descarboxila al aplicarle calor obteniéndose el ácido 3-(para-tolil)acrílico (C).

A continuación, se hidrogena el doble enlace con H_2 y Pd/C como catalizador obteniéndose el ácido B. Por último, se lleva a cabo una acilación de Friedel-Crafts intramolecular para obtener 6-metil-

2,3-dihidro-1*H*-inden-1-ona (A). Para ello, es necesario en primer lugar la activación del ácido convirtiéndolo en un cloruro de ácido empleando cloruro de tionilo, y llevar a cabo, a continuación, la acilación de Friedel-Crafts a partir de dicho cloruro de ácido utilizando tricloruro de aluminio como catalizador.

Alternativamente, se puede obtener de forma directa el ácido C partiendo de 4-metilbenzaldehído (SM) y anhídrido acético/acetato sódico a temperatura alta (reacción de condensación de Perkin).[2]

Bibliografía.

1) J. Clayden, N. Greeves, S. Warren, *Organic Chemistry*, 2nd Edition, Oxford University Press, Oxford, **2012**, pág. 492-494 (acilación de Friedel-Crafts) y 629-630 (reacción de Knoevenagel).

2) M. B. Smith, J. March, *March's Advanced Organic Chemistry*, 6th Edition, John Wiley and Sons, Hoboken, New Jersey, **2007**, pág. 1363-1364.

49. La arcoxia es un fármaco antiinflamatorio no esteroideo indicado para el tratamiento del dolor crónico. Diseña una síntesis del compuesto A, estructuralmente relacionada con la arcoxia, a partir del ácido 6-metilnicotínico (SM) y cualquier otro material de partida necesario.

La presencia en la molécula objetivo A de una agrupación 1,3-hidroxicarbonílica nos permite hacer una primera desconexión (a) del tipo 1,3-diO que nos lleva a la cetona B y benzaldehído, compatible con una reacción de adición aldólica cruzada. En la cetona B hacemos una desconexión (b) del tipo 1,1 C-C que nos conduce al ácido SM y al reactivo de Grignard C, que se puede vincular con la reacción de adición del reactivo organomagnesiano a un derivado del ácido SM, como puede ser la amida de Weinreb, que permite detener la adición en la etapa de cetona.[1]

En el reactivo de Grignard C hay que darse cuenta de la presencia en la molécula de átomos de hidrógeno α a una sulfona y por lo tanto suficientemente ácidos para hacer inviable la preparación de dicho organomagnesiano C. Por lo tanto, es necesario modificar el análisis retrosintético. Así, a partir de la cetosulfona B hacemos una interconversión de grupo funcional de la sulfona a sulfuro lo que nos conduce al cetosulfuro D, sobre el que hacemos la desconexión 1,1 C-C que nos conduce al ácido SM y el reactivo de Grignard E.

Así pues, la secuencia sintética es la siguiente:[2] En primer lugar, se debe preparar la amida de Weinreb G a partir del ácido 6-metilnicotínico (SM). Para ello, se trata el ácido con cloruro de tionilo para obtener el correspondiente cloruro de ácido F que, por reacción con la *N,O*-dimetilhidroxilamina conduce a la amida de Weinreb G. Sobre este sustrato se adiciona un equivalente del reactivo de Grignard E, obteniéndose el cetosulfuro D. Este se oxida a la cetosulfona B utilizando agua oxigenada en presencia de tungstato de sodio. Por último, se lleva a cabo la adición aldólica entre la cetosulfona B y el benzaldehído utilizando *terc*-butóxido de sodio como base y THF como disolvente para obtener la molécula objetivo A.

Bibliografía.

1) J. Clayden, N. Greeves, S. Warren, *Organic Chemistry*, 2nd Edition, Oxford University Press, Oxford, **2012**, pág.218-219.

2) Idea tomada de la síntesis de arcoxia, J. Li, K. K.-C Liu, *Mini Rev. Med. Chem.* **2004**, *4*, 207-233.

50. El compuesto A presenta actividad leishmanicida potencial. Diseña una síntesis del compuesto A a partir de resorcinol (SM) y cualquier otro material de partida necesario.

La presencia en la parte central de la molécula objetivo de un grupo carbonilo α,β-insaturado facilita una desconexión 1,3-diO que se correspondería con una condensación aldólica cruzada entre una metilcetona y el benzaldehído.[1] No obstante, conviene hacer previamente una desconexión (a) C-O (éster) en el grupo acetato, que nos conduce al compuesto B con el hidroxilo fenólico libre. En B hacemos la desconexión (b) de tipo 1,3-diO que nos conduce a benzaldehído (C) y la metilcetona D, sobre la cual hacemos una desconexión C-O (éter) que nos lleva al bromuro de isopentenilo (E) y a la 2,4-dihidroxiacetofenona (F). Finalmente, con una desconexión C-C en la que participa un anillo bencénico y que se vincula con una acilación de Friedel-Crafts[1] llegamos al resorcinol (SM).

Así pues, la secuencia sintética es la siguiente:[2] En primer lugar, a partir de resorcinol (SM), se lleva a cabo una reacción de acilación de Friedel-Crafts con cloruro de acetilo, en presencia de AlCl$_3$ como catalizador, obteniéndose el compuesto F. A continuación, una síntesis de Williamson entre el compuesto F y bromuro de isopentenilo (E), utilizando carbonato de potasio como base da lugar al éter D. Hay que hacer notar que en las condiciones utilizadas el hidroxilo fenólico situado en *orto* respecto a la metilcetona no reacciona debido a que este hidroxilo forma enlace de hidrógeno con el grupo carbonilo disminuyendo su reactividad. Seguidamente, se lleva a cabo una condensación aldólica cruzada entre la metilcetona D y benzaldehído (C) en presencia de hidróxido de potasio, obteniéndose la cetona α,β-insaturada B. Finalmente, la transformación del grupo hidroxilo en un acetato se logra mediante reacción con anhídrido acético, conduciendo al producto final A.

Bibliografía.

1) J. Clayden, N. Greeves, S. Warren, *Organic Chemistry*, 2nd Edition, Oxford University Press, Oxford, **2012**, pág.218-219 (acilación de Friedel-Crafts) y 618-619 (condensación aldólica cruzada).

2) M. Ortalli, *et. al.*, *Eur. J. Med. Chem.* **2018**, *152*, 527-541.

51. Se han descrito distintas chalconas con potencial actividad leishmanicida. Diseña una síntesis de la chalcona A a partir de 1,5-dihidroxinaftaleno (SM) y cualquier otro material de partida necesario.

La presencia en la parte central de la molécula objetivo de un grupo carbonilo α,β-insaturado facilita una desconexión 1,3-diO que se correspondería con una condensación aldólica cruzada entre el *para*-anisaldehído (B) y la metilcetona C.[1] En este compuesto C hacemos una desconexión (b) de tipo C-C en la que participa un átomo de carbono de compuesto aromático, que se asocia con una acilación de Friedel-Crafts, y que nos lleva al 1,5-dimetoxinaftaleno (D).[1] Finalmente, una doble desconexión (c) de tipo C-O (éter) nos lleva al 1,5-dihidroxinaftaleno (SM).

Así pues, la secuencia sintética es la siguiente:[2] El 1,5-dihidroxinaftaleno (SM) se trata con yoduro de metilo y carbonato de potasio como base para llevar a cabo la síntesis de Williamson que conduce al 1,5-dimetoxinaftaleno (D). A continuación, se lleva a cabo la acilación de Friedel-Crafts entre D y anhídrido acético utilizando $BF_3 \cdot OEt_2$ como ácido de Lewis para formar el compuesto C. Este se hace reaccionar con *para*-anisaldehído mediante una reacción de condensación aldólica cruzada en medio básico generando la molécula objetivo A.

Bibliografía.

1) J. Clayden, N. Greeves, S. Warren, *Organic Chemistry*, 2nd Edition, Oxford University Press, Oxford, **2012**, pág.218-219 (acilación de Friedel-Crafts) y 618-619 (condensación aldólica cruzada).

2) K. M. Santiago-Silva, *et al.*, *Antibiotics* **2022**, *11*, 1402.

52. El compuesto A presenta actividad potencial leishmanicida. Diseña una síntesis del compuesto A a partir de indol (SM) y cualquier otro material de partida necesario (C_8 máximo).

La presencia en la parte central de la molécula objetivo A de un grupo carbonilo α,β-insaturado facilita una desconexión 1,3-diO que se correspondería con una condensación aldólica cruzada entre el formilderivado del indol B y la acetofenona (C).[1] En el compuesto B hacemos una desconexión (b) de tipo C-N (amina) que se corresponde con la reacción de alquilación del nitrógeno del indol-3-carbaldehído (E) con 3-cloro-N,N-dimetilpropan-1-amina (D) como agente alquilante. Finalmente, en E hacemos una desconexión (c) de tipo C-C en la que participa el carbono 3 del núcleo de indol, compatible con una reacción de formilación de Vilsmeyer-Haack[2] y que nos lleva al indol como material de partida (SM).

Así pues, la secuencia sintética es la siguiente:[3] En primer lugar, se lleva a cabo la formilación de Vilsmeier-Haack del indol con dimetilformamida y oxicloruro de fósforo, seguida de hidrólisis básica para introducir el grupo formilo en la posición 3 del indol y obtener así el indol-3-carbaldehído (E). A continuación, se realiza la reacción de N-alquilación del indol mediante una reacción de sustitución con 3-cloro-N,N-dimetilpropan-1-amina (D) en presencia de carbonato de cesio como base y yoduro de potasio que reemplaza el cloruro del reactivo por yoduro, formándose el compuesto B. Este reacciona con la acetofenona (C) mediante una reacción de condensación aldólica cruzada en hidróxido de sodio/metanol generando el compuesto objetivo A.

Bibliografía.

1) J. Clayden, N. Greeves, S. Warren, *Organic Chemistry*, 2nd Edition, Oxford University Press, Oxford, **2012**, pág. 618-619.

2) F. A. Carey, R. J. Sundberg, *Advanced Organic Chemistry*, Part B, 5th Edition, Springer, New York, **2007**, pág. 1024-1025.

3) S. Tiwari, *et al.*, *Bioorg. Chem.* **2020**, *99*, 103787–103798.

53. El compuesto A constituye un fragmento de la molécula del pacritinib, fármaco utilizado en el tratamiento de la mielofibrosis. Diseña una síntesis del compuesto A a partir de 4-nitrofenol (SM) y cualquier otro material de partida necesario.

En la parte central de la estructura de la molécula objetivo podemos observar la estructura del anillo bencénico *para*-disustituido presente en el 4-nitrofenol de partida. Por lo tanto, en principio, tenemos, dos posibles rutas retrosintéticas que se diferencian en el orden en que se llevan a cabo la derivatización del átomo de nitrógeno o de oxígeno presente en el 4-nitrofenol.

La primera ruta viene marcada por la presencia en la molécula objetivo de una amina secundaria que conecta dos anillos aromáticos, uno bencénico y otro pirimidínico, que nos indica la posición de la primera desconexión (a) de tipo C-N (amina) que se correspondería con una reacción de sustitución nucleofílica aromática sobre el anillo de pirimidina por parte de la amina B.[1] A partir de esta amina una interconversión de grupo funcional del grupo amino por nitro nos conduce a C, sobre el que se lleva a cabo una desconexión (b) del tipo C-N (amina) que nos conduce a pirrolidina y al compuesto D vinculada a una reacción S_N2. Finaliza el análisis retrosintético con una desconexión (c) de tipo C-O (éter) que se vincularía con una síntesis de Williamson entre el 4-nitrofenol y un haluro de alquilo. Se elige el dihaluro E, con dos grupos salientes con distinta capacidad de actuar como tales, con la idea de que el dihaluro E reaccione solamente por un extremo, dejando en el otro extremo un átomo de cloro que nos tiene que permitir la reacción S_N2 con la pirrolidina.

En el segundo análisis retrosintético se invierte el orden en el que se llevan a cabo las desconexiones. La primera desconexión (d) de tipo C-O (éter) conduce a los compuestos F y G y se corresponde con una síntesis de Williamson. A partir de F, una desconexión (e) de tipo C-N (amina) nos conduce a 2-cloropirimidina y 4-nitrofenol (después de una IGF). Por su parte, a partir de G, una desconexión (f) de tipo C-N (amina) nos conduce a pirrolidina y el dihaluro E.

En principio, ambos análisis retrosintéticos parecen correctos. En el artículo publicado[2] se ha utilizado el primer análisis retrosintético. Así, a partir de 4-nitrofenol (SM) se lleva a cabo una síntesis de éteres de Williamson con 1-bromo-2-cloroetano obteniéndose D. Una segunda sustitución nucleofílica con pirrolidina conduce a la amina terciaria correspondiente C. Posteriormente, se reduce el grupo nitro con hierro metálico en medio ácido para obtener una anilina sustituida B que actuará como nucleófilo en la reacción de sustitución nucleofílica aromática con 2-cloropirimidina dando la molécula objetivo A

Bibliografía.

1) F. A. Carey, R. J. Sundberg, *Advanced Organic Chemistry*, Part B, 5th Edition, Springer, New York, **2007**, pág. 1037.

2) Idea tomada de la síntesis del pacritinib. D. B. Tiz *et. al.*, *Pharmaceutics* **2022**, *14*, 2538.

54. El 1,2-di(naftalen-1-il)etano (A) es un intermedio en la síntesis del piceno, un hidrocarburo aromático con conjugación π extendida. Diseña una síntesis del 1,2-di(naftalen-1-il)etano (A) a partir de 1-bromonaftaleno (SM).

Piceno   A   SM

La simetría de la molécula objetivo A facilita enormemente el análisis retrosintético. Así, mediante una adición de grupo funcional se llega al alqueno B, sobre el que se puede hacer una desconexión (a) de tipo C=C que nos conduce a 2 equivalentes del aldehído C, que se correspondería con una reacción de acoplamiento de McMurry.[1] En el aldehído C hacemos una desconexión (b) de tipo 1,1 C-C compatible con una reacción de formilación del reactivo organolítico derivado del 1-bromonaftaleno de partida.[1]

A   B   C   SM

Así pues, la secuencia sintética derivada del anterior análisis es la siguiente: El 1-bromonaftaleno (SM) se trata con *n*-butil-litio para generar el correspondiente compuesto organolítico, el cual se adiciona a *N,N*-dimetilformamida para generar 1-naftaldehído (C). El alqueno simétrico se prepara bajo las condiciones reductoras del acoplamiento de McMurry, utilizando especies de titanio en bajo estado de oxidación generadas *in situ* a partir de tetracloruro de titanio y zinc, que actúa como reductor último.

SM   C   B   A

La estereoquímica del alqueno, mayoritariamente *E*, es intrascendente, ya que la hidrogenación posterior con H_2 con Pd/C conduce al producto buscado, independientemente de la estereoquímica del alqueno.

Se puede plantear un segundo análisis retrosintético haciendo directamente, a partir de A, una desconexión (c) de tipo C-C vinculada a una reacción de acoplamiento radicalario a partir del correspondiente haluro de tipo bencílico (D). Una desconexión C-Cl nos conduciría al alcohol E y finalmente una interconversión de grupo funcional nos llevaría al 1-naftaldehído (C).

La secuencia sintética derivada de este segundo análisis retrosintético es la siguiente:[2] La reducción del 1-naftaldehído (C) con borohidruro de sodio proporciona el alcohol E, el cual por tratamiento con cloruro de tionilo se transforma en el cloruro D. Finalmente la reacción de este cloruro con magnesio en tetrahidrofurano rinde la molécula objetivo A.

También se ha descrito la síntesis del compuesto A por fotodescarboxilación de naftilacetatos de naftilmetilo.[3]

Bibliografía.

1) 1) F. A. Carey, R. J. Sundberg, *Advanced Organic Chemistry*, Part B, 5th Edition, Springer, New York, **2007**, pág. 444-452 (McMurry) y 646-647 (formilación de un reactivo organolítico).

2) H. Okamoto, *et al.*, *Org. Lett.* **2011**, *13*, 2758-2761.

3) J. W. Hilborn, R. Moya-Barrios, A. Thomson, *J. Org. Chem.* **2019**, *84*, 11992-11999.

55. Síntesis de 1-(2-(naftalen-2-il)etil)naftaleno (A) a partir de cualquier derivado del naftaleno (C_{10} máximo).

Cualquier derivado del naftaleno (C_{10} máx.)

A

Al igual que en el ejercicio anterior se trata de sintetizar un hidrocarburo en el que la agrupación -CH_2CH_2- conecta dos unidades de naftaleno. Pero en este caso la molécula objetivo A no es simétrica, por lo que el análisis retrosintético difiere del realizado en el ejercicio anterior.

A partir de la molécula objetivo A, se inicia el análisis retrosintético con una adición de grupo funcional, un doble enlace, que nos lleva al alqueno B, sobre el cual hacemos una desconexión (a) del tipo C=C que se podría vincular a una reacción de Wittig[1] entre el aldehído C y la sal de fosfonio D. El análisis retrosintético y la síntesis del aldehído C ya se han visto en el ejercicio anterior.

En cuanto a la sal de fosfonio D haciendo dos desconexiones consecutivas C-P y C-Cl nos lleva, como es usual, al alcohol primario F. Sobre este hacemos una última desconexión (d) del tipo 1,1 C-C que se corresponde con una reacción de adición de un organometálico derivado del 2-bromonaftaleno (G) al formaldehído.

La secuencia sintética es la siguiente: El aldehído C se puede preparar a partir del 1-bromonaftaleno (SM) mediante la secuencia de litiación, reacción con DMF y posterior "work-up" ácido.[2] Por otro lado, el tratamiento del 2-bromonaftaleno (G) con litio en THF seguido de adición de formaldehido conduce al correspondiente alcohol primario (F), el cual se hace reaccionar con cloruro de tionilo para dar el cloruro E. A partir del compuesto E, se prepara la correspondiente sal de fosfonio D por reacción con trifenilfosfina. Por desprotonación de la sal de fosfonio D con butil-litio se genera el correspondiente iluro de fósforo, que por reacción con el aldehído C da lugar a la olefinación de Wittig obteniéndose el correspondiente alqueno B. Finalmente, la reducción de este compuesto en presencia de H_2 y un catalizador de Pd/C daría lugar a la molécula objetivo A.

Se puede plantear un segundo análisis, cambiando la desconexión implicada en la formación del enlace C-C que une las dos mitades de la molécula objetivo. Así, a partir de A, con una AGF, concretamente de un grupo hidroxilo, llegamos al alcohol H, sobre el que hacemos una desconexión (e) del tipo 1,1 C-C vinculada a la adición del organomagnesiano I al aldehído C.

Así pues, la secuencia sintética es la siguiente: El tratamiento del cloruro E con magnesio y la posterior reacción con el aldehído C daría lugar al alcohol secundario H. A continuación, a partir de este alcohol por reacción de hidrogenólisis del grupo hidroxilo en posición bencílica con H_2 y Pd/C, se obtendría el compuesto objetivo A.

También se ha descrito la síntesis del compuesto A por fotodescarboxilación de naftilacetatos de naftilmetilo.[3]

Bibliografía.

1) J. Clayden, N. Greeves, S. Warren, *Organic Chemistry*, 2nd Edition, Oxford University Press, Oxford, **2012**, pág. 689-693.

2) F. A. Carey, R. J. Sundberg, *Advanced Organic Chemistry*, Part B, 5th Edition, Springer, New York, **2007**, pág. 646-647.

3) J. W. Hilborn, R. Moya-Barrios, A. Thomson, *J. Org. Chem.* **2019**, *84*, 11992-11999.

56. Síntesis de (E)-4-formamidobut-2-enoato de metilo (A) a partir de alilamina (SM) y cualquier otro material de partida.

La presencia en la molécula objetivo A del doble enlace carbono-carbono y del grupo funcional formamida ofrece dos posibles desconexiones. En primer lugar, haremos una desconexión (a) del C=C asociada a una reacción de Wittig que nos lleva al compuesto B y al fosforano C.[1] A continuación, en el compuesto B hacemos una reconexión C=C que nos permite llegar a D, en cuya estructura ya se puede observar la alilamina formando parte de una formamida. Finalmente, una desconexión (b) de tipo C-N (amida) nos conduce a la alilamina (SM) y al formiato de etilo (E).

Así pues, la secuencia sintética es la siguiente:[2] En primer lugar, la reacción entre alilamina (SM) y formiato de etilo (E) genera la formamida D, que se somete a condiciones de ozonólisis reductora por tratamiento con ozono, seguido de sulfuro de dimetilo para dar lugar al compuesto B. Este aldehído puede reaccionar con el fosforano C mediante una reacción de Wittig formando el producto deseado A.

Bibliografía.

1) J. Clayden, N. Greeves, S. Warren, *Organic Chemistry*, 2nd Edition, Oxford University Press, Oxford, **2012**, pág. 689-693.

2) N. Netz, T. Opatz, *J. Org. Chem.* **2016**, *81*, 1723–1730.

57. Síntesis de 3-(hidroximetil)-1-metil-2-oxociclopent-3-eno-1-carboxilato de etilo (A) a partir de acetoacetato de etilo (SM).

A $\Longrightarrow$ SM

La presencia en la molécula objetivo de una cetona α,β-insaturada facilita la primera desconexión (a) del tipo 1,3-diO, que se vincula a una reacción de condensación aldólica intramolecular[1] y que nos conduce al compuesto B, en el que están presentes dos grupos carbonilo, además de un grupo éster y un grupo hidroxilo. El grupo aldehído forma parte de una cadena hidrocarbonada C_2 por lo que se puede pensar en una reconexión C=C que nos conduciría al compuesto C con un grupo alilo. Por su parte el grupo hidroxilo forma parte de un sistema β-hidroxicarbonílico lo que facilita la siguiente desconexión (b) de tipo 1,3-diO que se vincula a una reacción de adición aldólica y que nos conduce al compuesto D. En la estructura de este compuesto se observan dos grupos alquilo (un metilo y un alilo) en posición α a dos grupos carbonilo, lo cual nos indica los pasos siguientes en el análisis retrosintético. Una desconexión (c) de tipo 1,2 C-C correspondiente a la alquilación de un enolato nos conduciría a E. Finalmente una nueva desconexión (d) del mismo tipo 1,2 C-C nos conduciría al acetoacetato de etilo (SM).[1]

Así pues, la ruta sintética es la siguiente:[2] En primer lugar, se lleva a cabo la alquilación del acetoacetato de etilo (SM) con yoduro de metilo en presencia de etóxido de sodio, responsable de la formación del enolato reactivo para formar el producto E. A continuación, se lleva a cabo la alilación del compuesto E con bromuro de alilo utilizando de nuevo etóxido de sodio para formar el enolato correspondiente. El compuesto obtenido D se trata con LDA y el enolato formado se adiciona sobre formaldehído, dando lugar al compuesto β-hidroxicarbonílico C. La ozonólisis de este compuesto con O_3 seguida de un work-up reductor con dimetilsulfuro conduce al correspondiente aldehído, compuesto B. Finalmente, una reacción de condensación aldólica intramolecular de B con etóxido de sodio da lugar al 3-(hidroximetil)-1-metil-2-oxociclopent-3-eno-1-carboxilato de etilo (A).

Bibliografía.

1) J. Clayden, N. Greeves, S. Warren, *Organic Chemistry*, 2nd Edition, Oxford University Press, Oxford, **2012**, pág. 614-619 (condensación aldólica) y 595-598 (alquilación de compuestos β-dicarbonílicos).

2) Idea tomada de J. T. Malinowski, R. J. Sharpe, J. S. Johnson, *Science* **2013**, *340*, 180.

58. La 2-mesitil-3-metilciclopent-2-en-1-ona (A) ha sido sintetizada en el contexto de un estudio de ^{1}H RMN de aniones ciclopentadienilo sustituidos. Diseña una síntesis del compuesto A a partir de 1-(bromometil)-2,4,6-trimetilbenceno (SM) y cualquier otro material de partida necesario (C$_5$ máximo).

La presencia en la molécula objetivo A de un grupo carbonilo α,β-insaturado nos indica el inicio del análisis retrosintético. Se trata de una primera desconexión (a) de tipo 1,3-diO, vinculada a una reacción de condensación aldólica intramolecular[1], que nos conduce al compuesto 1,4-dicarbonílico B. Típicamente este tipo de agrupaciones se pueden obtener por hidrólisis ácida de un furano,[1] tal como C. En este compuesto C hacemos una desconexión (c) de tipo C-C asociada a la alquilación de un reactivo organolítico derivado del 2-metilfurano (D) utilizando 1-(bromometil)-2,4,6-trimetilbenceno (SM) como alquilante.

Así pues, la secuencia sintética es la siguiente:[2] Primero, se realiza la litiación del furano D con n-butil-litio, seguida de una alquilación con 1-(bromometil)-2,4,6-trimetilbenceno (SM), obteniendo el compuesto C.

La hidrólisis de este compuesto en medio ácido acuoso provoca la apertura del anillo de furano conduciendo a la 1,4-dicetona B. Finalmente, una reacción de condensación aldólica intramolecular en presencia de hidróxido de sodio en etanol da origen a la ciclopentenona A deseada.

Bibliografía.

1) J. Clayden, N. Greeves, S. Warren, *Organic Chemistry*, 2nd Edition, Oxford University Press, Oxford, **2012**, pág. 636-638 (condensación aldólica intramolecular) y 737 (hidrólisis ácida de furanos).

2) U. Eberhardt, B. Deppisch, H. Musso, *Chem. Berichte* **1983**, *116*, 119-135.

59. Síntesis de ácido 7-metil-3-oxo-2,3-dihidro-1_H_-indeno-1-carboxílico (A) a partir de 2-metilbenzaldehído (SM).

La presencia en la molécula objetivo A de un grupo carbonilo de cetona en posición contigua a un anillo bencénico indica claramente la posición de la primera desconexión (a) de tipo C-C en la que participa un átomo de carbono del anillo, que se corresponde con una reacción de acilación de Friedel-Crafts intramolecular[1] y que nos conduce al diácido B. La posición relativa de los dos grupos ácido es 1,4- y por lo tanto el análisis retrosintético se puede continuar con una desconexión 1,4-diCO que se correspondería con una reacción de adición de Michael de un equivalente de anión acilo (tal como el cianuro) a un derivado de ácido carboxílico α,β-insaturado. Generalmente, con carácter previo a esta desconexión, se suele añadir un grupo ácido carboxílico extra (AGF, adición de grupo funcional) que nos conduce a C con la finalidad de favorecer la adición conjugada.

Sobre C se hace una IGF del ácido carboxílico por un grupo ciano llegando a D, y sobre este compuesto hacemos la desconexión (b) de tipo 1,4-diCO que nos conduce al sistema dicarbonílico α,β-insaturado E. En este compuesto E hacemos la última desconexión (c) de tipo 1,3-diO vinculada a una reacción de Knoevenagel[2] y que nos conduciría al 2-metilbenzaldehído (SM) y malonato de etilo (F).

Así pues, la secuencia sintética es la siguiente:[3] La reacción de Knoevenagel entre el 2-metilbenzaldehído (SM) y malonato de etilo (F) proporciona el sistema 1,3-dicarbonílico α,β-insaturado correspondiente, que se somete a la adición conjugada de cianuro. El producto intermedio obtenido D se trata con ácido en medio acuoso hidrolizando tanto los grupos éster como el grupo ciano. De esta reacción se obtiene directamente el producto de descarboxilación B, debido a la posición relativa 1,3- de dos grupos ácidos. Por último, el tratamiento del diácido B con cloruro de tionilo permite generar el correspondiente cloruro de ácido, el cual se trata con AlCl$_3$ para llevar a cabo la acilación de Friedel-Crafts intramolecular. Cabe destacar que la reacción con SOCl$_2$ se puede llevar a cabo de forma selectiva, ya que el ácido carboxílico unido a carbono primario está menos impedido estéricamente.

Bibliografía.

1) J. Clayden, N. Greeves, S. Warren, *Organic Chemistry*, 2nd Edition, Oxford University Press, Oxford, **2012**, pág. 494.

2) F. A. Carey, R. J. Sundberg, *Advanced Organic Chemistry*, Part B, 5th Edition, Springer, New York, **2007**, pág. 147-148.

3) H.Lundbeck A/S, WO9828293 A1 Patent **1998**.

60. El haloperidol (A) es un fármaco antipsicótico clásico. Diseña una síntesis del haloperidol (A) a partir de piperidin-4-ona (SM) y cualquier otro material de partida necesario (C_6 máximo).

La presencia en la parte central de la molécula objetivo A del anillo de piperidina nos ofrece la posibilidad de dos desconexiones. En primer lugar, haremos una desconexión (a) del tipo C-N vinculada a una reacción de sustitución nucleofílica que nos lleva al haluro B y a la piperidina sustituida C. A continuación, en el compuesto B hacemos una desconexión (b) de tipo C-C en la que está implicado un anillo bencénico y que relacionamos con una reacción de acilación de Friedel-Crafts[1] que nos permite llegar a D y E, ambos materiales de partida accesibles. Por su parte en el compuesto C observamos la presencia de un alcohol terciario que nos permite una desconexión (c) de tipo 1,1 C-C asociada a la reacción de adición del reactivo Grignard F al grupo carbonilo de cetona[1] presente en la piperidin-4-ona (SM).

Teniendo en cuenta que para poder realizar la adición del reactivo de Grignard F al grupo carbonilo de la piperidin-4-ona (SM), es necesario llevar a cabo, previamente, la protección del grupo NH, (de lo contrario reaccionaría con el reactivo F mediante una reacción ácido-base), se inicia la secuencia sintética[2] con la reacción de la piperidin-4-ona (SM) con el cloroformiato de bencilo en presencia de una base obteniéndose el compuesto G. A continuación, G se hace reaccionar con el reactivo de Grignard F, dando lugar, después del correspondiente work-up con cloruro amónico acuoso, al alcohol terciario H. Cabe destacar que el reactivo de Grignard F se prepara selectivamente a partir del 1-bromo-4-clorobenceno y magnesio, debido a que los bromuros de arilo son más reactivos que los cloruros de arilo. El tratamiento del compuesto H con H_2 y Pd/C da lugar a la desprotección del nitrógeno en el compuesto H, formándose el alcohol C. Por otro lado, el fluorobenceno (D) se hace reaccionar con el cloruro de ácido E, dando lugar al producto de acilación de Friedel-Crafts B. Finalmente, la sustitución nucleofílica del cloruro primario presente en B por el nitrógeno del compuesto C, en presencia de yoduro de potasio, permite obtener la molécula objetivo A.

Bibliografía:

1) J. Clayden, N. Greeves, S. Warren, *Organic Chemistry*, 2nd Edition, Oxford University Press, Oxford, **2012**, pág. 477 (acilación de Friedel-Crafts) y 192 (adición de un reactivo de Grignard a una cetona).

2) M. W. Tyler, J. Zaldivar-Diez, S. J. Haggarty, *ACS Chem. Neurosci.* **2017**, *8*, 444-453.

61. Síntesis de 3,9-dimetil-3,9-difenil-2,4,8,10-tetraoxaspiro[5.5]undecano (A) a partir de acetofenona (SM) y cualquier otro material de partida necesario (C$_2$ máximo).

A   SM

y cualquier otro material de partida necesario (C$_2$ max.)

La simetría de la molécula objetivo A y la presencia en la misma de dos agrupaciones acetálicas nos permite hacer en primer lugar una doble desconexión (a) del tipo 1,1-diX que nos lleva a la acetofenona (SM) y al tetraol B, compatible con una reacción de formación de acetales.[1] En el tetraol B, totalmente simétrico, hacemos una interconversión de grupo funcional (IGF) de un hidroxilo primario a aldehído, con la finalidad de obtener el aldol C, en el que los tres grupos hidroxilo están en posición β con respecto al aldehído y, por tanto, es susceptible de una triple desconexión (b) de tipo 1,3-diO asociada a una triple reacción de adición aldólica entre el formaldehído (D) y el acetaldehído (E).[1]

Así pues, la secuencia sintética es la siguiente:[2] La adición de tipo aldólico entre el acetaldehído (E) y tres equivalentes de formaldehído (D) conduce al trihidroxialdehído C correspondiente, el cual, en las mismas condiciones de reacción (exceso de formaldehído e hidróxido de sodio) experimenta una reducción del grupo aldehído mediante una reacción de Cannizzaro cruzada dando el tetraol B.[1] La doble condensación entre el tetraol B y la acetofenona (SM) catalizada por ácido conduce a la formación del doble acetal buscado.

Bibliografía.

1) J. Clayden, N. Greeves, S. Warren, *Organic Chemistry*, 2nd Edition, Oxford University Press, Oxford, **2012**, pág. 224-228 (formación de acetales), 614-619 (reacción de adición aldólica) y 620 (reacción de Cannizzaro).

2) I. Grosu *et al. Tetrahedron* **2004**, *60*, 4789-4799.

62. Síntesis de 2,3-bis(4-metoxi-3-metilfenil)quinoxalina (A) a partir de cualquier material de partida necesario (C₈ máximo).

Cualquier material de partida neceario (C₈ máx.)

El análisis retrosintético de la molécula objetivo se inicia con una doble desconexión (a) de tipo "imina" formalmente presente en su estructura y que obedece al método general de obtención de quinoxalinas.[1] Esta desconexión nos conduce a la *orto*-fenilendiamina (B), que se considera material de partida accesible, y a la dicetona C. Sobre esta dicetona se hace una interconversión de un grupo carbonilo por hidroxilo que nos genera la hidroxicetona D, cuya desconexión (b) del tipo 1,2-diCO, por la parte central de la molécula, se puede vincular con una condensación benzoínica del aldehído E.[2] Finaliza el análisis retrosintético con una última desconexión (c) del tipo C-C implicando un anillo aromático, compatible con una reacción de formilación del anillo.[3]

Así pues, la secuencia sintética es la siguiente: La reacción del *orto*-metilanisol (SM) con dimetilformamida y POCl₃ (reacción de Vilsmeier) da lugar al aldehído E.[4] A continuación, la condensación benzoínica del aldehído E, cuando se trata con cianuro sódico en presencia de hidróxido sódico da lugar a la benzoína D. Esta 2-hidroxicetona D se oxida con dióxido de manganeso rindiendo la 1,2-dicetona C. Finalmente, esta dicetona C se condensa con la diamina B dando lugar al anillo de quinoxalina formándose el producto A.

Bibliografía.

1) J. A. Joule, K. Mills, *Heterocyclic Chemistry*, 5th Edition, Wiley, Chichester, **2010**, pág. 253-288.

2) M. B. Smith, J. March, *March's Advanced Organic Chemistry*, 6th Edition, John Wiley and Sons, Hoboken, New Jersey, **2007**, pág. 1396-1397.

3) J. Clayden, N. Greeves, S. Warren, *Organic Chemistry*, 2nd Edition, Oxford University Press, Oxford, **2012**, pág. 734.

4) S. Chandrasekhar, N. R. Reddy, Y. S. Rao, *Tetrahedron* **2006**, *62*, 12098-12107.

63. Síntesis de 1,7-difenilheptano-1,7-diona (A) a partir de tetrahidro-2H-piran-2-ona (SM).

La simetría y la presencia de dos grupos carbonilo en la molécula objetivo A nos ofrece la posibilidad de hacer dos desconexiones simultáneas (a) del tipo 1,1 C-C compatibles con la adición de un reactivo órgano-lítico (fenil-litio) a un ácido dicarboxílico B.[1] Este diácido tiene siete átomos de carbono mientras que la lactona de partida solo tiene cinco átomos de carbono, por lo que en alguna etapa del análisis retrosintético se tendrá que desconectar un fragmento hidrocarbonado con dos átomos de carbono. En consecuencia, sobre B hacemos una adición de grupo funcional, concretamente de un doble enlace en posición α,β- con respecto a un grupo ácido, llegando así al compuesto C. Sobre este hacemos una desconexión (b) de tipo C=C compatible con una reacción tipo Wittig-Horner[1] con lo que llegamos a D y al fosfonato E. Una interconversión de grupo funcional nos permite pasar de D al lactol F, a partir del cual mediante una nueva IGF llegamos a la lactona de partida, tetrahidro-2H-piran-2-ona (SM).

Así pues, la secuencia sintética es la siguiente:[2] La lactona de partida (SM) se reduce con hidruro de diisobutilaluminio (DIBALH) al correspondiente lactol F, es decir, al hemiacetal cíclico del 1-hidroxipentanal. Cuando este se somete a una reacción de Wittig-Horner con el anión del fosfonato derivado del acetato de metilo se obtiene el compuesto G, que contiene un éster α,β-insaturado con dos átomos de carbono adicionales respecto a la lactona de partida. El doble enlace se reduce con hidrógeno en presencia de paladio sobre carbón y, a continuación, el grupo hidroxilo se oxida con CrO_3 en ácido sulfúrico/acetona para dar lugar al ácido carboxílico I. El éster metílico se hidroliza con hidróxido de sodio en medio acuoso, formándose así el ácido dicarboxílico B tras la acidificación del dicarboxilato obtenido. Por último, se lleva a cabo la adición de fenil-litio a los ácidos carboxílicos para conducir a la dicetona final A.[3] En esta última etapa se debe considerar que es necesario adicionar 2 equivalentes de PhLi por cada grupo ácido, es decir, será necesaria la adición de 4 equivalentes de PhLi. Debido a la basicidad del PhLi, los primeros dos equivalentes se emplean en la desprotonación de los ácidos carboxílicos, que dan lugar a los carboxilatos de litio. Sobre estos se adiciona el PhLi, formando las sales de dilitio que, debido a su estabilidad, no se descomponen hasta su hidrólisis al adicionar un ácido, formándose las cetonas finales. La adición del ácido, a su vez, hidrolizaría el posible exceso de PhLi, si lo hubiera, impidiendo así su adición sobre la cetona final y, por tanto, la formación del alcohol terciario.

Bibliografía.

1) J. Clayden, N. Greeves, S. Warren, *Organic Chemistry*, 2nd Edition, Oxford University Press, Oxford, **2012**, pág. 218-219 (reacción de organolíticos con ácidos carboxílicos) y 691-692 (reacción de Wittig-Horner).

2) Idea tomada de A. D. Wadsworth, D. P. Furkert, J. Sperry, M. A. Brimble, *Org. Lett.* **2012**, *14*, 5374–5377.

3) R. Levine, M. J. Karten, W. M. Kadunce, *J. Org. Chem.* **1975**, *40*, 1770–1773.

64. La warfarina (A) es un fármaco utilizado como anticoagulante oral. Diseña una síntesis de warfarina (A) a partir de *orto*-hidroxiacetofenona (SM) y cualquier otro material de partida necesario (C$_7$ máximo).

A la vista de la estructura de la molécula objetivo (A) parece lógico pensar en una primera desconexión (a) del enlace que une el anillo heterocíclico a la cadena lateral. En la formación de este enlace participa un átomo de carbono con hidrógenos ácidos situados en posición α a dos grupos carbonilo (téngase en cuenta que un grupo carbonilo se encuentra en forma enólica) del anillo heterocíclico y un átomo de carbono situado en posición β respecto a un grupo carbonilo de la cadena lateral. Dicho de otra manera, en la molécula objetivo están presentes dos grupos carbonilo en posición relativa 1,5-, en consecuencia, está primera desconexión (a) será del tipo 1,5-diCO compatible con la reacción de adición de Michael del enolato de B a la cetona α,β-insaturada C.[1] A continuación, a esta enona C se le aplica una desconexión (b) del tipo 1,3-diO relacionada con una reacción de condensación aldólica cruzada entre el benzaldehído y la acetona.[1]

Por su parte, a B (o su tautómero B') se le aplica una desconexión (c) del tipo 1,3-diCO vinculada a una reacción de condensación de Claisen cruzada[1] entre la *orto*-hidroxiacetofenona (SM) y el carbonato de etilo seguida de formación del anillo de lactona.

Así pues, la secuencia sintética es la siguiente: En primer lugar, se lleva a cabo la síntesis de cromano-2,4-diona (B'), que está en equilibrio con su forma enólica (B), a través de una condensación de Claisen cruzada entre la *orto*-hidroxiacetofenona (SM) y el carbonato de etilo en presencia de etóxido sódico, seguida de formación del anillo de lactona. Por otro lado, la condensación aldólica cruzada entre el benzaldehído y la acetona da lugar a (*E*)-4-fenilbut-3-en-2-ona (C). La reacción de Michael de este compuesto con la forma enólica de cromano-2,4-diona conduce al producto final.

Bibliografía.

1) J. Clayden, N. Greeves, S. Warren, *Organic Chemistry*, 2nd Edition, Oxford University Press, Oxford, **2012**, pág. 605-607 (reacción de adición de Michael), 618-619 (condensación aldolica cruzada) y 645-646 (reacción de Claisen cruzada).

65. Síntesis de 3-hidroxi-6-metoxi-2,2-dimetil-2H-cromeno-4-carboxilato de etilo (A) a partir de hidroquinona (SM).

La presencia en la molécula objetivo de un enol con el doble enlace conjugado con un grupo éster nos permite dibujar su tautómero 1,3-dicarbonílico A', que facilita la primera desconexión (a) del tipo C-C en un sistema 1,3-diCO, vinculada a una reacción de condensación de Dieckmann[1] y que nos conduce al diéster B. A partir de este diéster y, teniendo en cuenta la presencia de una cadena C_2 en *orto* a una función oxigenada se puede pensar en una reconexión C=C que nos conduciría a un grupo alilo en *orto* a una función oxigenada, compuesto C. A partir de este compuesto una desconexión (b) de tipo C-O de éter nos conduciría a un α-bromoéster E y al *orto*-alilfenol (D).

La presencia del grupo alilo en *orto* a un hidroxilo fenólico nos indica la siguiente etapa en el análisis retrosintético que nos conduce al éter aril-alílico (F) y que está vinculada a una transposición de Claisen.[2] Continua el análisis retrosintético con una desconexión (d) de tipo C-O de éter que se corresponde con una síntesis de Williamson[2] entre el grupo fenólico del compuesto G y el bromuro de alilo (H). Finalmente, una nueva desconexión (e) de tipo C-O (síntesis de Williamson) nos conduce a hidroquinona (SM).

Así pues, la ruta sintética es la siguiente:[3] El tratamiento de la hidroquinona (SM) con ioduro de metilo (1 equivalente) en presencia de K_2CO_3 conduce al correspondiente *para*-metoxifenol (G). Este fenol G, se hace reaccionar con bromuro de alilo (H) en presencia de una base, dando lugar al éter alil-arílico (F). El calentamiento del alil aril éter (F) conduce a transposición sigmatrópica [3,3] (reacción de Claisen) que permite la obtención del compuesto D. La alquilación del *orto*-alil fenol D con el 2-bromo-2-metilpropanoato de etilo (E) en presencia de hidruro de sodio rinde el compuesto C. A partir de este compuesto C se lleva a cabo la ozonólisis oxidativa y posterior esterificación con etanol en medio ácido que conduce al diéster B. Finalmente la condensación de Dieckman del compuesto B en presencia de etóxido sódico/etanol, da lugar al compuesto dicarbonílico A', que está en equilibrio con su tautómero, la molécula objetivo 3-hidroxi-6-metoxi-2,2-dimetil-2*H*-cromeno-4-carboxilato de etilo (A).

Bibliografía.

1) F. A. Carey, R. J. Sundberg, *Advanced Organic Chemistry*, Part B, 5th Edition, Springer, New York, **2007**, pág. 149-150.

2) J. Clayden, N. Greeves, S. Warren, *Organic Chemistry*, 2nd Edition, Oxford University Press, Oxford, **2012**, pág. 909-910 (transposición de Claisen) y 340 (síntesis de Williamson).

3) P. Anastasis, P. E. Brown, *J. Chem. Soc. Perkin Trans. I* **1983**, *7*, 1431-1437

66. Los benzofuranos constituyen un motivo estructural común en los productos naturales y exhiben una amplia gama de actividades biológicas. Diseña una síntesis del benzofurano polisustituido A, denominado aspergilluseno B a partir del ácido 3-hidroxibenzoico (SM) y cualquier otro material de partida necesario (C$_5$ máximo).

La presencia en la molécula objetivo A del anillo de furano condensado con el anillo bencénico nos indica la posición de la primera desconexión. Se trata de una desconexión (a) de tipo C-C entre un anillo bencénico y un alqueno, vinculada a una ciclación de Heck[1] del bromuro arílico B. La presencia del grupo éter en el compuesto B nos indica la segunda desconexión (b) de tipo C-O (éter) que nos conduce al fenol C y al alcohol D. En el compuesto C hacemos una desconexión (c) de tipo C-O éster para llegar al correspondiente ácido E, sobre el que hacemos una desconexión C-Br compatible con una bromación aromática que nos conduce al ácido 3-hidroxibenzoico (SM).

Por su parte, en el alcohol secundario D hacemos una desconexión (e) de tipo 1,1 C-C que nos conduce a la acroleína (F) y al reactivo de Grignard G.

Así pues, la secuencia sintética es la siguiente:[2] Inicialmente, el ácido 3-hidroxibenzoico (SM) se trata con bromo en ácido acético y etanol para dar lugar al bromoareno E mediante una bromación electrofílica aromática. Este se somete a una esterificación de Fischer en etanol con ácido sulfúrico formando el éster C, ya que la presencia del ácido carboxílico es incompatible con las condiciones de reacción de las siguientes etapas. A continuación, se lleva a cabo el acoplamiento de tipo Mitsunobu[1] entre el fenol C y el alcohol alílico secundario D empleando azodicarboxilato de diisopropilo (DIAD) y trifenilfosfina en THF para obtener el éter alílico B. Por su parte, la preparación del alcohol alílico D se lleva a cabo mediante la adición 1,2 del reactivo de Grignard G a la acroleína (F). El compuesto B se transforma en el correspondiente benzofurano mediante una ciclación de Heck utilizando paladio como catalizador. Finalmente, se saponifica el éster con hidróxido de litio acuoso en THF para obtener de nuevo el ácido denominadp aspergilluseno B.

Bibliografía.

1) J. Clayden, N. Greeves, S. Warren, *Organic Chemistry*, 2nd Edition, Oxford University Press, Oxford, **2012**, pág. 1079-1080 (reacción de Heck) y 349-350 (reacción de Mitsunobu).
2) G. A. Grabovyi, A. Bhatti, J. T. Mohr, *Org. Lett.* **2020**, *22*, 4196-4200.

67. Síntesis del compuesto A a partir de 2-*terc*-butilanilina (SM) y cualquier otro material de partida necesario.

Al comparar la estructura de la molécula objetivo A con la 2-*terc*-butilanilina (SM) observamos que se trata de incorporar un anillo bencénico disustituido en la posición 4 del material de partida, así como construir el anillo de pirrolidina a partir del grupo -NH_2.

El análisis retrosintético se podría iniciar con una desconexión (a) del tipo C-C implicando dos átomos de carbono pertenecientes a anillos aromáticos y que se podría vincular a una reacción de Suzuki[1] de acoplamiento cruzado de un ácido borónico C y un bromuro arílico B que se podría considerar material de partida disponible.

A partir del ácido borónico C, mediante una desconexión (b) del tipo C-B, teniendo presente el método de preparación de ácidos borónicos, llegaríamos al bromuro arílico D, sobre el que haríamos una doble desconexión (c) del tipo C-N (amina) llegando a la anilina disustituida E. Finalmente una desconexión (d) del tipo C-Br compatible con una reacción de bromación del anillo bencénico nos conduciría al material de partida (SM).

Así pues, la secuencia sintética derivada de este análisis retrosintético es la siguiente:[2] El tratamiento de la amina de partida SM con TBATB (tribromuro de tetrabutilamonio) en THF da lugar a la 4-bromo-2-*terc*-butilanilina (E). Esta amina E, por reacción con el 1,4-dibromobutano en presencia de NaH conduce a la pirrolidina D. El tratamiento de la pirrolidina D con *n*-butil-litio produce el intercambio del átomo de bromo por litio, generando el correspondiente reactivo de aril-litio, que se hace reaccionar con el borato de triisopropilo, que después de un tratamiento ácido da lugar al ácido borónico C. Finalmente, el acoplamiento cruzado catalizado por paladio (reacción de Suzuki) del ácido borónico C y el bromuro arílico B en presencia de una base (K_2CO_3) rendiría el compuesto A.

Alternativamente se podría pensar en un segundo análisis retrosintético invirtiendo el orden de las desconexiones. Es decir, en primer lugar, haríamos la doble desconexión (e) del tipo C-N (amina) y después la desconexión (f) del tipo C-C (reacción de Suzuki) que nos conduciría al bromuro arílico B y al ácido borónico G.

Sin embargo, la preparación del ácido borónico G a partir del correspondiente bromuro E utilizando el mismo método de preparación del ácido borónico C a partir de D no parece factible debido a la reacción ácido-base entre el n-butil-litio y el grupo amino presente en E.

No obstante, es posible plantear la utilización de boronatos de arilo, ya que su preparación[3] y utilización[4] en reacciones de Suzuki es compatible con la presencia de un grupo NH_2 en la molécula.

Así, la borilación del bromuro arílico E con pinacolborano conduciría al correspondiente boronato arílico H, el cual por acoplamiento de Suzuki con el bromuro arílico B, en una reacción catalizada por tris(dibencilideneacetona)dipalladio(0) y carbonato de cesio como base, nos proporcionaría el producto I. Finalmente sobre el grupo NH$_2$ presente en I construiríamos el anillo de pirrolidina por reacción con 1,4-dibromobutano en presencia de NaH. Obtendríamos así la molécula objetivo A.

Bibliografía

1) J. Clayden, N. Greeves, S. Warren, *Organic Chemistry*, 2nd Edition, Oxford University Press, Oxford, **2012**, pág.1085-1087.

2) C. Flick, *et al. J. Med. Chem.* **2021**, *64*, 3604-3657.

3) F. F. Wagner, D. L. Comins, *Org. Lett.* **2006**, *8*, 3549-3552.

4) P.-E. Broutin, *et al.*, *Org. Lett.* **2004**, *6*, 4419-4422.

68. La allocolchicina y sus derivados son compuestos prometedores en la búsqueda de nuevos agentes antitumorales. Diseña una síntesis del compuesto A, análogo de la allocolchicina, a partir de 5-etinil-1,2,3-trimetoxibenceno (SM) y cualquier otro material de partida (C$_7$ máximo).

Allocolchicina   A   SM

Al comparar la estructura de la molécula objetivo A con la del 5-etinil-1,2,3-trimetoxibenceno (SM) de partida observamos que se trata de construir un anillo de siete miembros fusionado con el anillo bencénico de partida. Además, este anillo de siete miembros está fusionado con un segundo anillo bencénico.

Después de una primera desconexión (a) de tipo C-N correspondiente a la introducción del grupo acetamido en el anillo de siete miembros se puede plantear una desconexión (b) de tipo C-C implicando dos átomos de carbono pertenecientes a anillos bencénicos que se podría vincular a una reacción de arilación intramolecular directa de un haluro,[1] con lo que se llega a C. En este compuesto, en la parte alifática central que conecta los dos anillos bencénicos Ar^1-CH$_2$-CH$_2$-CH(X)-Ar^2 se puede hacer una interconversión de grupo funcional (IGF) al alquino disustituido D, el cual mediante una nueva IGF nos conducirá a la cetona acetilénica E.

A   B   C

D   E

En este compuesto E se hace una desconexión (c) de tipo 1,1 C-C vinculada a la reacción entre un acetileno terminal SM y un cloruro de ácido F (acoplamiento cruzado de Sonogashira).[2]

Así pues, la secuencia sintética es la siguiente:[3] En primer lugar, se lleva a cabo una reacción de acoplamiento cruzado de Sonogashira entre el 5-etinil-1,2,3-trimetoxibenceno (SM) y el cloruro de ácido F, utilizando un complejo de paladio y obteniendo el compuesto E. Posteriormente, la cetona se reduce de forma asimétrica al correspondiente alcohol secundario mediante la utilización de (S)-pineno/9-borabiciclo[3.3.1]nonano (9-BBN) como reductor seguido de tratamiento con peróxido de hidrógeno en medio básico. El alcohol resultante se protege mediante su conversión a metoxi metil éter (MOM), empleando hidruro de sodio como base para desprotonar el grupo hidroxilo, que actúa como nucleófilo en una reacción de sustitución nucleofílica frente a bromometil metil éter. Este paso conduce al compuesto D. A continuación, se realiza una hidrogenación del triple enlace con diimida, generada *in situ* por tratamiento de 4-toluenosulfonilhidrazida con acetato de sodio. El compuesto resultante C se somete a una arilación intramolecular catalizada por acetato de paladio, dando lugar al producto cíclico B.

La desprotección del grupo MOM en medio ácido, seguida de una reacción de Mitsunobu con azida de cinc, DIAD y trifenilfosfina genera la correspondiente azida con inversión de configuración. Finalmente, la reducción de esta azida con LiAlH$_4$ seguido de tratamiento con anhídrido acético conduce al análogo de la allocolchicina A.

B → (1. HCl; 2. Zn(N$_3$)$_2$, DIAD, PPh$_3$) → azide intermediate → (1. LiAlH$_4$; 2. Ac$_2$O) → A

Bibliografía.

1) G. P. McGlacken, L. M. Bateman, *Chem. Soc. Rev.* **2009**, 38, 2447-2464.

2) J. Clayden, N. Greeves, S. Warren, *Organic Chemistry*, 2nd Edition, Oxford University Press, Oxford, **2012**, pág. 1087-1088. Generalmente se conoce como acoplamiento cruzado de Sonogashira la reacción entre un alquino terminal y un haluro de arilo o vinilo. No obstante, también se suele utilizar este mismo nombre para la reacción entre un alquino terminal y un cloruro de ácido.

3) M. Leblanc, K. Fagnou, *Org. Lett.* **2005**, 7, 2849-2852.

69. Las piperazinas son farmacóforos clave en muchos fármacos comercializados y otros en fase de desarrollo. Diseña una síntesis del compuesto (A) derivado de la piperazina a partir de anisol (SM) y cualquier otro material de partida necesario (C$_6$ máximo).

La presencia en la molécula objetivo de una agrupación 1,2-aminoalcohol ofrece la posibilidad de iniciar el análisis retrosintético con una desconexión 1,2-diX. Así pues, un intercambio de grupo funcional de hidroxilo a carbonilo nos proporciona la cetona B, sobre la cual hacemos la desconexión (a) del tipo 1,2-diX que conduce a la α-bromocetona C y la fenilpiperazina (D), compatible con una sustitución nucleofílica.

La α-bromocetona C por una desconexión (b) del tipo C-Br nos conduce a la *para*-metoxiacetofenona (E), la cual por desconexión C-C vinculada a una acilación de Friedel-Crafts nos conduce a anisol (SM).[1]

Por su parte una doble desconexión C-N en la fenilpiperazina (D), nos conduce a anilina (F) y al dicloruro G, el cual por IGF nos conduce a la dietanolamina (H).

Así pues, la secuencia sintética es la siguiente:[2,3] Por una parte, la 1-fenilpiperazina (D), se sintetiza tratando dietanolamina (H) con cloruro de tionilo a reflujo en benceno y sometiendo al hidrocloruro de bis(2-cloroetil)amina obtenido (G) a una doble reacción de sustitución nucleofílica con anilina (F) en medio básico.

Para la síntesis del compuesto objetivo A, en primer lugar, se lleva a cabo la acilación de Friedel-Crafts del anisol (SM) con cloruro de acetilo en presencia de un ácido de Lewis para dar lugar a la *para*-metoxiacetofenona (E). La α-bromación de esta cetona con tribromuro de feniltrimetilamonio en THF conduce a la α-bromocetona C que, mediante una sustitución nucleofílica con la 1-fenilpiperazina (D) en medio básico, da lugar al compuesto B. Finalmente, la reducción del grupo carbonilo con NaBH$_4$ en etanol conduce al aminoalcohol A.

Bibliografía.

1) J. Clayden, N. Greeves, S. Warren, *Organic Chemistry*, 2nd Edition, Oxford University Press, Oxford, **2012**, pág.461 (α-halogenación de cetonas) y 477-478 (acilación de Friedel-Crafts).

2) H. Chen, *et. al.*, *Pharmacol. Rep.* **2020**, *72*, 1058–1068.

3) K. K. Kothakonda, D. S. Bose, *Chem. Lett.* **2004**, *33*, 1212–1213.

70. El modafinilo (A) se usa para tratar la somnolencia excesiva causada por la narcolepsia. Diseña una síntesis de modafinilo (A) a partir de difenilmetanol (SM).

A   SM

La presencia en la molécula objetivo A de un átomo de azufre en forma de sulfóxido nos permite identificar las posibles desconexiones. Previamente a estas desconexiones se hacen dos interconversiónes de grupo funcional, una de sulfóxido a sulfuro[1] y otra de amida a ácido, las cuales nos conduce al compuesto C. Sobre este sulfuro C se nos plantean dos posibles desconexiones. Una primera (a) de tipo C-S, asociada a una reacción de sustitución nucleofílica, nos conduce al difenilmetanol de partida (SM) y al ácido 2-mercaptoacético (D).[1] Una segunda posible desconexión (b) también de tipo C-S y también asociada a una reacción de sustitución nucleofílica, nos conduce a difenilmetanotiol (E) y a ácido 2-cloroacético (F).

A   B   C

C   (a)   SM   +   D

C   (b)   E   +   F

Se ha descrito una síntesis[2] que se corresponde con el primer análisis retrosintético: El difenilmetanol (SM) se somete a una reacción de sustitución nucleofílica con ácido 2-mercaptoacético

(D) como nucleófilo en ácido trifluoroacético para dar lugar al ácido C. Este se transforma en el correspondiente cloruro de ácido con cloruro de tionilo que, por tratamiento con hidróxido de amonio conduce a la amida B. Finalmente, la agrupación tioéter presente en B se oxida a sulfóxido con agua oxigenada en medio ácido para obtener el modafinilo (A)

Bibliografía.

1) J. Clayden, N. Greeves, S. Warren, *Organic Chemistry*, 2nd Edition, Oxford University Press, Oxford, **2012**, pág. 354-355 (tioles como nucleófilos) y 685 (oxidación de tioéteres a sulfóxidos).

2) J.-C.- Jung *et al.*, *Molecules* **2012**, *17*, 10446-10458.

71. El netupitant, fármaco utilizado para el tratamiento de las náuseas y la emesis producidas por la quimioterapia, es una amida cuyo grupo acilo se corresponde con la estructura del ácido 2-(3,5-bis(trifluorometl)fenil)-2-metilpropanoico (A). Diseña una síntesis del compuesto A, a partir de 1-bromo-3,5-bis(trifluorometil)benceno (SM).

La presencia de un grupo ácido unido a un átomo de carbono cuaternario facilita una primera desconexión (a) de tipo 1,1 C-C vinculada a una reacción de carbonatación de un reactivo de Grignard derivado del haluro B el cual, a su vez, procedería del alcohol terciario C. Este compuesto C, con dos sustituyentes idénticos en el átomo de carbono unido al grupo hidroxilo facilita una nueva desconexión (c) de tipo 1,1 C-C vinculada a una reacción de adición del reactivo de Grignard derivado del material de partida SM a la acetona (D).

Así pues, la secuencia sintética es la siguiente:[1] La reacción del reactivo de Grignard preparado a partir del 1-bromo-3,5-bis(trifluorometil)benceno (SM) y magnesio en dietil éter con acetona (D) da lugar al alcohol terciario C.

A continuación, el alcohol terciario C se hace reaccionar con cloruro de tionilo, obteniéndose el cloruro terciario B. Finalmente, con este cloruro C se prepara el correspondiente reactivo de Grignard y se hace reaccionar con CO_2, obteniendo el producto A.

Alternativamente se ha descrito una síntesis[2] de la molécula objetivo A por carbonilación del alcohol terciario C con monóxido de carbono (30 bar) en presencia de ácido trifluorometanosulfónico.

Bibliografía.

1) A. C. Flick, et. al., Bioorg. Med. Chem. **2016**, 24, 1937–1980

2) F. Hoffmann-Emery, H. Hilpert, M. Scalone, P. Waldmeier, J. Org. Chem. **2006**, 71, 2000-2008.

72. Las fenilpiperazinas sustituidas han sido propuestas como potenciales agentes contra el cáncer de próstata. Diseña una síntesis de la fenilpiperazina A a partir de *para*-bromotolueno (SM) y cualquier otro material de partida necesario (C$_6$ máximo).

A

y cualquier otro material de partida necesario (C$_6$ máx.)

Br SM

La presencia en la molécula objetivo A de una amina en posición bencílica y de un éter con el átomo de oxígeno unido a un anillo bencénico ofrece la posibilidad de plantear dos análisis retrosintéticos diferentes. Un primer análisis se inicia con una desconexión (a) de tipo C-N, en la parte central de la molécula objetivo, compatible con una substitución nucleofílica, que nos conduce a la fenilpiperazina (B) y al haluro bencílico C. Como se ha visto en el ejercicio 69, una doble desconexión C-N en la fenilpiperazina (B), nos conduce a anilina (D) y al dicloruro E, el cual nos lleva por IGF a la dietanolamina (F).

Por su parte el fragmento C, mediante una desconexión (c) de tipo C-Br, asociada a una halogenación bencílica,[1] nos conduciría al compuesto G. Sin embargo, en este compuesto G existen dos posiciones bencílicas susceptibles de experimentar la halogenación. Por lo tanto, tendríamos que descartar este primer análisis retrosintético.

El segundo análisis retrosintético se inicia con una desconexión (d) de tipo C-O, asociada a una síntesis de Williamson y que nos conduce al compuesto H. En este compuesto H se necesita un buen grupo saliente que podría proceder por interconversión de grupo funcional del alcohol J. En este compuesto J observamos que el grupo hidroxilo primario está situado en una cadena lateral de dos átomos de carbono, por lo que la siguiente desconexión (e) de tipo 1,2 C-C nos conduce al bromuro K y a óxido de etileno, vinculada a la apertura del epóxido por la acción de un reactivo de Grignard.[1] A partir de K, una desconexión (f) del tipo C-N nos conduce a fenilpiperazina (B) y al dihaluro L, el cual por una desconexión (g) de tipo C-Br compatible con una halogenación bencílica nos conduce al material de partida (SM).

Así pues, la secuencia sintética es la siguiente:[2] En primer lugar, se sintetiza la fenilpiperazina (B).[3] Para ello, se hace reaccionar dietanolamina (F) con cloruro de tionilo, obteniéndose el hidrocloruro de bis(2-cloroetil)amina (E). Este compuesto reacciona con anilina (D) en presencia de bicarbonato sódico como base, generando el compuesto B a través de una doble reacción de sustitución nucleofílica.

Por otro lado, se lleva a cabo la bromación bencílica del grupo metilo de *para*-bromotolueno (SM) utilizando *N*-bromosuccinimida (NBS) como agente de bromación, obteniéndose el compuesto L. A continuación, el compuesto B reacciona como nucleófilo frente a L a través de una reacción de sustitución nucleofílica, formando el producto K.

170

Este compuesto K, al ser tratado con magnesio, genera el correspondiente reactivo de Grignard, que posteriormente reacciona con óxido de etileno, dando lugar al compuesto J. El grupo hidroxilo del compuesto J se transforma en un buen grupo saliente mediante reacción con cloruro de tosilo en presencia de trietilamina/DMAP, obteniéndose el correspondiente tosilato H. Finalmente, el compuesto H se somete a una síntesis de Williamson con el fenol (I) en presencia de hidróxido sódico dando lugar a la molécula objetivo A.

Bibliografía.

1) M. B. Smith, J. March, *March's Advanced Organic Chemistry*, 6th Edition, John Wiley and Sons, Hoboken, New Jersey, **2007**, pág. 961 (halogenación bencílica) y 618 (reacción de organomagnesianos con óxido de etileno).

2) H. Chen, *et al.*, *Bioorg. Med. Chem.* **2019**, *27*, 133-143.

3) K. K. Kothakonda, D. S. Bose, *Chem. Lett.* **2004**, *33*, 1212-1213.

73. El naratriptan (A) es un fármaco del grupo de los triptanes que se emplea para el tratamiento de la migraña. Diseña una síntesis de naratriptan (A) a partir de 5-bromoindol (SM) y cualquier otro material de partida necesario (C_6 máximo).

Al comparar la estructura de la molécula objetivo A con la del 5-bromoindol (SM) de partida observamos que se trata de incorporar, por un lado, un anillo de piperidina en la posición 3 del indol y, por otra parte, un grupo metilaminosulfoniletil en la posición 5, ocupada inicialmente por un átomo de bromo. Por lo tanto, tenemos dos posibilidades para iniciar el análisis retrosintético según cual sea la cadena que desconectemos en primer lugar.

La presencia del átomo de bromo unido a un átomo de carbono aromático en la posición C-5 del material de partida y la naturaleza y longitud de la cadena hidrocarbonada con un grupo etilsulfonamida en esa misma posición puede sugerir una primera desconexión (a) de tipo C-C, justamente en la posición contigua al anillo aromático, compatible con una reacción de Heck[1] entre un haluro arílico C y un alqueno deficiente en densidad electrónica. Lógicamente, para llevar a cabo esta desconexión hay que hacer previamente una AGF (adición de grupo funcional), en este caso de un doble enlace C=C).

Por otra parte, sabemos que el indol da lugar con facilidad a reacciones de sustitución aromática electrofílica en su posición C-3.[2] Ahora bien, la alquilación directa en el C-3 del indol con halogenuros de alquilo adolece de baja eficacia y regioselectividad (C3/N1). En su lugar, los aldehídos y las cetonas pueden utilizarse como agentes alquilantes dando lugar a alquenos. Por lo tanto, desde el punto de vista del análisis retrosintético, haremos en primer lugar una adición de grupo funcional (doble enlace) y a continuación la desconexión C-C asociada a la reacción de alquilación.

Así pues, la ruta sintética es la siguiente:[3] En primer lugar, se hace reaccionar 1-metilpiperidin-4-ona (E) con 5-bromoindol (SM) en presencia de KOH en metanol, obteniéndose directamente el producto de adición seguida de deshidratación D. Posteriormente, se puede realizar un acoplamiento de tipo Heck catalizado por Pd entre el bromoindol D y N-metilvinilsulfonamida. El producto de este acoplamiento cruzado F se somete a una hidrogenación utilizando Pd sobre carbón para obtener la molécula objetivo A.

Alternativamente, se podría pensar en un segundo análisis retrosintético invirtiendo el orden en el que desconectamos las dos cadenas. Este segundo análisis retrosintético nos proporciona la siguiente secuencia sintética:[4]

173

En primer lugar, se realiza el acoplamiento cruzado de tipo Heck con el 5-bromoindol (SM) y *N*-metilvinilsulfonamida utilizando unas condiciones idénticas a las descritas anteriormente. Posteriormente, se realiza la alquilación con 1-metilpiperidin-4-ona (E), también en presencia de KOH en metanol y finalmente la hidrogenación catalítica con hidrógeno y Pd/C.

Bibliografía.

1) J. Clayden, N. Greeves, S. Warren, *Organic Chemistry*, 2nd Edition, Oxford University Press, Oxford, **2012**, pág. 1070.

2) J. A. Joule, K. Mills, *Heterocyclic Chemistry*, 5th Edition, Wiley, Chichester, **2010**, pág. 373-384.

3) M. Baumann, I. R. Baxendale, S. V. Ley, N. Nikbin, *Beilstein J. Org. Chem.* **2011**, *7*, 442–495.

4) U. S. Kumar, *et al., Org. Process Res. Dev.* **2009**, *13*, 468–470.

74. El rizatriptan (A) es un fármaco que pertenece al grupo de los triptanes que se emplea para el tratamiento de la crisis aguda de migraña. Diseña una síntesis de rizatriptan (A) a partir de *para*-nitrotolueno (SM₁), triazol (SM₂) y cualquier otro material de partida necesario (C₆ máximo.).

Al igual que otros triptanes (véase problema anterior) la estructura del rizatriptan se corresponde con un indol funcionalizado en C-3 y C-5. En este ejercicio, además de la introducción de las cadenas laterales, se plantea la síntesis del núcleo del indol.

Uno de los métodos más utilizados para sintetizar el núcleo de indol es la síntesis de Fischer, a partir de una fenilhidracina y un aldehído o cetona en condiciones ácidas.[1]

Por otra parte, la agrupación dimetilamino presente en la cadena lateral situada en C-3 se suele preparar a partir de la correspondiente amina primaria. Por lo tanto, la primera desconexión (a) de tipo C-N que nos conduce al compuesto B se corresponde con la introducción de los dos grupos metilo compatible con una doble reacción de aminación reductiva con formaldehído.[1] En el indol B hacemos las desconexiones (b) asociadas a la síntesis del indol de Fischer, con lo que llegamos a la fenilhidracina sustituida C y el aminoaldehído D. Lógicamente en este aminoaldehído el grupo carbonilo debe estar protegido, por ejemplo, en forma de dimetilacetal, para evitar la condensación con el grupo amino presente en la misma molécula.

Por otra parte, a partir de la fenilhidracina sustituida C, mediante una serie de interconversiones de grupo funcional, llegamos a la anilina sustituida E y después al nitrocompuesto F. En este último compuesto hacemos una desconexión (c) de tipo C-N vinculada a una reacción de sustitución nucleofílica entre el triazol (SM₂) como nucleófilo y el haluro bencílico G como electrófilo. Finalmente, una desconexión (d) de tipo C-Br compatible con una halogenación bencílica nos conduce al *para*-nitrotolueno (SM₁).

Así pues, la ruta sintética es la siguiente:[2] En primer lugar, se lleva a cabo la bromación bencílica del *para*-nitrotolueno (SM₁) con *N*-bromosuccinimida. El bromuro obtenido G reacciona con triazol (SM₂) en presencia de una base, hidruro de sodio, para dar lugar al correspondiente derivado nitrogenado F mediante una sustitución nucleofílica. A continuación, se reduce el grupo nitro a grupo amino con hidrógeno utilizando paladio sobre carbono como catalizador en medio ácido. El grupo amino, al reaccionar con nitrito de sodio en HCl, se transforma en la sal de diazonio que, por tratamiento con cloruro de estaño en HCl y posterior basificación, da lugar a la fenilhidracina C.

Este compuesto C reacciona con 4,4-dimetoxibutan-1-amina (H), donde el grupo aldehído se encuentra protegido en forma de dimetilacetal, para formar el indol B mediante la síntesis de Fischer. Por último, una doble reacción de aminación reductiva con formaldehído en presencia de cianoborohidruro de sodio proporciona el rizatriptan (A).

Alternativamente, en la formación del indol B, en vez de 4,4-dimetoxibutan-1-amina (H) se puede utilizar 4-cloro-1,1-dimetoxibutano (I) obteniéndose directamente el mismo indol B, ya que durante la síntesis de Fischer se genera amoníaco que, mediante sustitución nucleofílica, atacará al átomo de carbono unido al cloruro conduciendo a la amina primaria presente en el indol B.

También existe la posibilidad[3] de utilizar 4,4-dimetoxi-N,N-dimetilbutan-1-amina J en la síntesis de Fischer obteniéndose directamente el indol A. El compuesto J es el resultado de una doble reacción de aminación reductiva de H con formaldehído y cianoborohidruro de sodio.

Bibliografía.

1. J. Clayden, N. Greeves, S. Warren, *Organic Chemistry*, 2nd Edition, Oxford University Press, Oxford, **2012**, pág. 234-235 (aminación reductiva) y 775-779 (síntesis del indol de Fischer).

2. a) Merck, Sharp & Dohme Ltd. US Patent, 5,298,520, **1994**; b) Merck, Sharp & Dohme Ltd. US Patent, 5,602,162, **1997**.

3. Matrix Laboratories Ltd. US Patent Application Publication, US 2009/0062550 A1, **2009**.

75. El fentanilo de formula *N*-(1-fenetilpiperidin-4-il)-*N*-fenilpropionamida (A) es un potente fármaco opioide sintético utilizado como analgésico. Diseña una síntesis de fentanilo (A) a partir de piperidin-4-ona (SM) y cualquier otro material de partida necesario (C$_8$ máximo).

A   SM

y cualquier otro material de partida necesario (C$_8$ máx.)

Al comparar la estructura de la molécula objetivo A con la piperidin-4-ona (SM) observamos que se trata de incorporar un grupo fenetilo sobre el átomo de nitrógeno de la amina secundaria de partida, así como transformar el grupo carbonilo en un grupo fenilpropionamida. Por lo tanto, la presencia en la molécula objetivo de dos grupos, uno amida y otro amina, ofrece dos posibilidades para iniciar el análisis retrosintético según cual sea el grupo funcional que desconectemos en primer lugar.

Se puede iniciar el primer análisis con una desconexión (a) del tipo C-N de amida que nos conduce a cloruro de propanoilo y al compuesto B. Sobre este compuesto B hacemos una segunda desconexión (b) del tipo C-N amina, asociada a una reacción de aminación reductiva,[1] que nos conduce a la anilina (D) y la piperidin-4-ona *N*-sustituida C. A partir de C hacemos una nueva desconexión (c) del tipo C-N (amina) que nos conduce a la piperidin-4-ona (SM) y al aldehído E compatible con una reacción de aminación reductiva. Esta desconexión (c) también es compatible con una sustitución nucleofílica de la piperidin-4-ona como nucleófilo sobre el bromuro de fenetilo F.

En este primer análisis retrosintético, a partir del compuesto B, podríamos, en principio, alterar el orden de las dos desconexiones C-N (amina). Primero haríamos la desconexión (d) en el átomo de nitrógeno de la piperidin-4-ona y después haríamos la desconexión (e) en el átomo de nitrógeno de la anilina. Sin embargo, esta modificación habría que descartarla puesto que la aminación reductiva del grupo carbonilo de la piperidin-4-ona (SM) requiere la protección del átomo de nitrógeno de la amina secundaria para evitar problemas de autocondensación de la piperidin-4-ona.

En el segundo análisis retrosintético, la primera desconexión (f) sería del tipo C-N (amina) y nos conduciría al compuesto H y el aldehído E. En H haríamos una desconexión (g) del tipo C-N (amida) que nos conduciría al compuesto I y cloruro de propanoilo. En el último paso de este análisis el compuesto I, mediante una desconexión (h) nos conduciría a piperidin-4-ona (SM) y anilina (D). Por las razones explicadas anteriormente esta última desconexión no es adecuada y por lo tanto este segundo análisis retrosintético habría que descartarlo.

Así pues, la secuencia sintética derivada del primer análisis retrosintético es la siguiente:[2,3] En primer lugar, se lleva a cabo una aminación reductiva empleando la piperidin-4-ona (SM) y el aldehído E en presencia de triacetoxiborohidruro de sodio. A continuación, mediante otra aminación reductiva sobre el grupo carbonilo de cetona presente en el compuesto C y anilina (D) se obtiene el compuesto B. Por último, la reacción de la amina secundaria del compuesto B con cloruro de propanoilo da lugar a N-(1-fenetilpiperidin-4-il)-N-fenilpropionamida (A).

SM   C   B   A

Bibliografía.

1) J. Clayden, N. Greeves, S. Warren, *Organic Chemistry*, 2nd Edition, Oxford University Press, Oxford, **2012**, pág. 234-235.

2) P. K. Gupta, K. Ganesan, A. Pande, R. C. Malhotra, *J. Chem. Res.* **2005**, *7*, 452-453.

3) F. C. Braga, T. O. Ramos, T. J. Brocksom, K. T. de Oliveira, *Org. Lett.* **2022**, *45*, 8331-8336.

76. El carfentanilo, de fórmula 1-fenetil-4-(*N*-fenilpropionamido)piperidina-4-carboxilato de metilo (A) es un opioide sintético utilizado en veterinaria como anestésico de elefantes. Diseña una síntesis de carfentanilo (A) a partir de piperidin-4-ona (SM) y cualquier otro material de partida necesario (C$_8$ máximo).

| Fentanilo | A | SM | y cualquier otro material de partida necesario (C$_8$ máx.) |

Al comparar la estructura de la molécula objetivo A con la estructura del fentanilo observamos que se diferencian en la existencia del grupo metiloxicarbonilo situado en la posición 4 del anillo de piperidina. Por lo tanto, en este ejercicio, el grupo carbonilo del material de partida ha de permitir la incorporación de los grupos fenilpropionamida y metiloxicarbonilo y además sobre el átomo de nitrógeno de la amina secundaria se debe de incorporar el grupo fenetilo.

Al igual que en el ejercicio anterior se puede iniciar el análisis con una desconexión (a) del tipo C-N de amida que nos conduce a cloruro de propanoilo y al compuesto B. Sobre este compuesto B hacemos una desconexión (b) del tipo C-O (éster) que nos lleva al compuesto C, en el que podemos observar una agrupación α-aminoácido, sobre la que podemos plantear una desconexión (c) del tipo 1,2-diCO, compatible con la reacción de adición de cianuro como equivalente de anión carboxilato a la imina D.[1]

Sobre esta imina D llevamos a cabo una desconexión (d) del tipo C=N (imina) asociada a la reacción de formación de una imina entre la anilina (F) y el grupo carbonilo presente en E. Finalmente, a partir de este compuesto E hacemos una desconexión (e) del tipo C-N (amina) que nos conduce a la piperidin-4-ona (SM) y el aldehído G vinculada a una reacción de aminación reductiva.[1] Esta desconexión (e) también es compatible con una sustitución nucleofílica de la piperidin-4-ona (SM) como nucleofilo sobre el bromuro de fenetilo H.

A partir del compuesto D, podríamos, en principio, alterar el orden de las desconexiones C-N (amina) y C=N (imina). Es decir, en primer lugar, haríamos la desconexión (f) en el átomo de nitrógeno de la piperin-4-ona (SM) y a continuación haríamos la desconexión (g) en el átomo de nitrógeno de la anilina (F). Sin embargo, esta modificación habría que descartarla puesto que la formación de la imina del grupo carbonilo de la piperidin-4-ona (SM) requiere la protección del átomo de nitrógeno de la amina secundaria para evitar problemas de autocondensación de la piperidin-4-ona.

Así pues, la secuencia sintética es la siguiente:[2] En primer lugar, el nitrógeno de la piperidin-4-ona (SM) se alquila utilizando (2-bromoetil)benceno en presencia de una base inorgánica. A continuación, la cetona se hace reaccionar con anilina (F) en medio ácido, generando el ión iminio correspondiente, el cual reacciona con el cianuro presente en la mezcla de reacción dando J. El cianuro es un análogo excelente del anión carboxilato teniendo en cuenta su elevada nucleofilia y su transformación en un ácido carboxílico mediante hidrólisis.

Así pues, la secuencia sintética continua con el tratamiento del grupo ciano con ácido sulfúrico para obtener la amida no sustituida correspondiente, la cual por tratamiento con potasa en etilenglicol conduce al ácido carboxílico C. El éster metílico B se puede obtener mediante una esterificación de Fischer con metanol en medio ácido. Finalmente, el grupo propanoílo se introduce utilizando el anhídrido requerido conduciendo a la molécula objetivo A.

Bibliografía.

1) J. Clayden, N. Greeves, S. Warren, *Organic Chemistry*, 2nd Edition, Oxford University Press, Oxford, **2012**, pág. 234-235 (aminación reductiva) y 236 (síntesis de Strecker de α-aminoácidos).

2) N. Misailidi, *et al.*, *Forensic Toxicol.* **2018**, *36*, 12–32.

77. El compuesto A es una amida derivada del carfentanilo cuya fórmula es *N*-ciclohexil-1-fenetil-4-(*N*-fenilpropionamido)piperidina-4-carboxamida (A). Diseña una síntesis del compuesto (A) a partir de piperidin-4-ona (SM) y cualquier otro material de partida necesario (C$_8$ máximo).

| Carfentanilo | A | SM |

En este ejercicio el grupo metiloxicarbonilo situado en la posición 4 del anillo de piperidina del carfentanilo ha sido reemplazado por un grupo ciclohexilaminocarbonilo. Por lo tanto, puesto que tanto el grupo éster como el grupo amida se pueden preparar a partir del correspondiente ácido carboxílico, se puede plantear un análisis retrosintético similar al del ejercicio anterior.

A partir de la molécula objetivo (A), y mediante una desconexión (a) del tipo C-N de amida nos conduce a cloruro de propanoilo y el compuesto B. Sobre este compuesto B hacemos una segunda desconexión (b) del tipo C-N (amida) que nos lleva al compuesto C, en el que, al igual que en el ejercicio anterior, podemos observar una agrupación α-aminoácido, sobre la que podemos plantear una desconexión (c) del tipo 1,2-diCO, vinculada a la reacción de adición de cianuro, como equivalente de anión carboxilato, a la imina D.[1]

Sobre esta imina D llevamos a cabo una desconexión (d) del tipo C=N (imina) compatible con una reacción de formación de una imina entre la anilina (F) y el grupo carbonilo presente en E.

Finalmente a partir de este compuesto E hacemos una desconexión (e) del tipo C-N (amina) que nos conduce a la piperidin-4-ona (SM) y al aldehído G compatible con una reacción de aminación reductiva. Esta desconexión (e) también es compatible con una sustitución nucleofílica de la piperidin-4-ona (SM) como nucleófilo sobre el bromuro de fenetilo H.

Así pues, la secuencia sintética es la siguiente:[2] En primer lugar, se hace reaccionar piperidin-4-ona (SM) con 2-fenilacetaldehído (G) en presencia de $NaBH(OAc)_3$, obteniendo el producto E. Alternativamente se podría alquilar el nitrógeno de la piperidin-4-ona (SM) utilizando el (2-bromoetil)benceno (H), pero para evitar posibles polialquilaciones, se opta por la aminación reductiva propuesta.[1] Posteriormente la reacción del compuesto E con anilina (F) y KCN en ácido acético da lugar al compuesto I. El cianuro actúa como equivalente de anión carboxilato. En el compuesto I se lleva a cabo una primera hidrólisis parcial del nitrilo a amida por reacción con ácido sulfúrico obteniéndose la amida J. Esta amida J, por hidrólisis con KOH/etilenglicol da lugar al ácido C. El compuesto C se somete a un proceso de formación de amidas, haciéndolo reaccionar con cloruro de tionilo y posteriormente con la ciclohexilamina (K), con lo cual se obtiene el producto B. Este compuesto B se hace reaccionar con anhídrido propiónico para obtener la molécula objetivo A.

La síntesis de este tipo de amidas derivadas del carfentanilo se ha llevado a cabo por el grupo de Majumdar[3] mediante una reacción multicomponente de Ugi, entre la cetona E, anilina (F), ácido propanoico (L) y ciclohexilisocianuro (M) (para el mecanismo de la reacción véase la referencia 4).

La reacción multicomponente de Ugi también se puede emplear para sintetizar carfentanilo (véase ejercicio anterior) requiriendo para ello de la utilización de un isocianuro de los denominados convertibles. Es decir, isocianuros que en el transcurso de la reacción de Ugi se transforman en amidas fácilmente hidrolizables. Orru y Ruijter[5] han descrito la utilización de 6-bromo-2-isocianopiridina (N) con esta finalidad.

Bibliografía.

1) J. Clayden, N. Greeves, S. Warren, *Organic Chemistry*, 2nd Edition, Oxford University Press, Oxford, **2012**, pág. 234-235 (aminación reductiva) y 236 (síntesis de Strecker de α-aminoácidos).

2) N. Misailidi, *et al.*, *Forensic. Toxicol.* **2018**, *36*, 12-32.

3) A. Varadi, *et al.*, *ACS Chem. Neurosci.* **2015**, *6*, 1570-1577.

4) A. Dömling, I. Ugi, *Angew. Chem. Int. Ed.* **2000**, *39*, 3168-3210.

5) G. van der Heijden, J. A. W. Jong, E. Ruijter, R. V. A. Orru, *Org. Lett.* **2016**, *18*, 984-987.

78. Síntesis de *N*-(4-(metoximetil)piperidin-4-il)-*N*-fenilpropionamida, conocido como norsufentanilo (A) a partir de piperidin-4-ona (SM) y cualquier otro material de partida necesario (C$_7$ máximo).

Carfentanilo · A · SM

y cualquier otro material de partida necesario (C$_7$ máx.)

En este ejercicio el grupo metoxicarbonilo situado en la posición 4 del anillo de piperidina del carfentanilo, ha sido reemplazado formalmente por un grupo metoximetilo. Además, la amina secundaria del material de partida se mantiene inalterada en la molécula objetivo. Por lo tanto, puesto que el grupo metoximetilo se puede preparar a partir de un grupo hidroximetilo y este a partir del correspondiente ácido carboxílico, se puede plantear un análisis retrosintético similar al de los ejercicios anteriores. Ahora bien, como ya se ha comentado en los ejercicios anteriores la amina secundaria presente en el material de partida necesita estar protegida.

Así pues, el análisis retrosintético se inicia con una adición del grupo bencilo (AGF) en el átomo de nitrógeno del anillo de piperidina. A continuación, una desconexión (a) de tipo C-N (amida) presente en B nos conduce a C.

Sobre este compuesto C hacemos una desconexión (b) de tipo C-O (éter) compatible con una síntesis de Williamson, seguida de una IGF con lo que se llega a E. En este último compuesto E podemos observar una agrupación α-aminoácido, sobre la que podemos plantear una desconexión 1,2-diCO vinculada a la reacción de adición de cianuro, como equivalente de anión carboxilato, a la imina F.[1] Una desconexión C=N sobre esta imina nos conduce a la cetona G y a anilina (H). Finalmente, una desconexión (e) de tipo C-N (amina) nos conduce al material de partida SM.

Así pues, la secuencia sintética es la siguiente:[2] La piperidin-4-ona (SM) se trata con bromuro de bencilo en medio básico para experimentar una sustitución nucleófila y formar la *N*-bencilpiperidin-4-ona (G), que se somete a una reacción de Strecker con anilina y KCN en ácido acético conduciendo a la cianoamina correspondiente I. La hidrólisis del grupo ciano con ácido sulfúrico da lugar a la amida J, la cual se somete a una hidrólisis posterior con hidróxido de sodio en etilenglicol para obtener el ácido carboxílico E. Este aminoácido E se reduce con hidruro de aluminio y litio en THF proporcionando el aminoalcohol D.

El aminoalcohol D se trata con yoduro de metilo e hidruro de sodio para llevar a cabo la metilación selectiva del alcohol obteniéndose el compuesto C (síntesis de Williamson). La amina secundaria se transforma en amida mediante reacción con cloruro de propanoilo obteniéndose B que, finalmente, se trata con H_2 con Pd sobre carbono para eliminar el grupo bencilo y obtener la molécula objetivo A.

Sobre el análisis retrosintético planteado inicialmente se puede introducir una modificación, teniendo presente que, en el compuesto D tenemos una agrupación 1,2-aminoalcohol, susceptible de una desconexión (e) de tipo 1,2-diX compatible con la apertura de un epóxido K. Sobre este epóxido K llevaremos a cabo una doble desconexión (f) vinculada a una reacción de metilenación de un grupo carbonilo G con yoduro de trimetilsulfonio en presencia de hidruro de sodio.[1]

Así pues, la secuencia sintética derivada de este segundo análisis es la siguiente:[3] Del mismo modo que en la secuencia anterior, en primer lugar, se sintetiza la *N*-bencilpiperidin-4-ona (G) por sustitución nucleófila de la piperidin-4-ona (SM) con bromuro de bencilo. A continuación, se realiza la reacción de metilenación del grupo cetona en G con yoduro de trimetilsulfonio en presencia de hidruro de sodio y dimetilsulfóxido obteniéndose el epóxido K.

Finalmente, se lleva a cabo la apertura del epóxido K utilizando anilina (H) como nucleófilo. En principio, la apertura del epóxido K puede ocurrir de dos formas diferentes: por adición de la anilina en el carbono más sustituido para dar el compuesto D o en el carbono menos sustituido para dar el compuesto D'. En condiciones básicas se produciría el ataque de la anilina sobre el carbono menos sustituido, debido al menor impedimento estérico, dando el regioisómero D'. Sin embargo, cuando se utiliza tetrafluoroborato de trietiloxonio como ácido de Lewis en diclorometano, se consigue una elevada regioselectividad hacia la formación mayoritaria del compuesto D. A partir de este aminoalcohol (D) se completa la síntesis de la molécula objetivo A de la misma manera que en la secuencia anterior.

Bibliografía.

1) J. Clayden, N. Greeves, S. Warren, *Organic Chemistry*, 2nd Edition, Oxford University Press, Oxford, **2012**, pág. 236 (síntesis de Strecker de α-aminoácidos) y 665 (formación de epóxidos por metilenación de cetonas).

2) S. Srimurugan, K. Murugan, C. Chen, *Chem. Pharm. Bull.* **2009**, *57*, 1421–1424.

3) D.-Y. Shin et al., *Arch. Pharm. Res.*, **1999**, *22*, 398–400.

79. Síntesis de N-(4-bromofenil)-4-ciclohexil-N-(2-(ciclohexilamino)-2-oxo-1-feniletil)-4-oxobutanamida (A) a partir de benzaldehído (SM) y cualquier otro material de partida necesario (C$_7$ máximo).

En la parte central de la estructura de la molécula objetivo se observa una agrupación α-aminoácido, con el grupo amino funcionalizado como amida y el grupo ácido carboxílico funcionalizado también como amida. Es decir, la molécula objetivo presenta en su parte central la estructura característica de los productos de la reacción multicomponente de Ugi.[1] Por lo tanto, podríamos plantear un análisis retrosintético vinculado a esta reacción.

Los compuestos B y C se pueden considerar materiales de partida accesibles y, por lo tanto, continuaremos el análisis retrosintético solamente del compuesto D.

La estructura de este compuesto D se corresponde con la de un ácido succínico monofuncionalizado en forma de amida. Por la tanto planteamos una desconexión (b) de tipo C-N (amida) vinculada a una reacción de aminolisis del anhídrido succínico (E), utilizando piperidina (F) como nucleófilo.

Así pues, la secuencia sintética es la siguiente:[2] El ácido carboxílico D se sintetiza mediante la reacción de aminolisis del anhídrido succínico (E) con piperidina (F) como nucleófilo. A continuación el ácido D se somete a una reacción multicomponente de Ugi con el isocianociclohexano (B), la *para*-bromoanilina (C) y el benzaldehído (SM) obteniéndose la molécula objetivo A.

La resolución de este ejercicio también se podría plantear siguiendo el análisis retrosintético y la síntesis desarrollada en el ejercicio 77.

Bibliografía.

1) A. Dömling, I. Ugi, *Angew. Chem. Int. Ed.* **2000**, *39*, 3168-3210.
2) M. Nami *et al.*, *Chem. Biol. Drug. Des.* **2018**, *91*, 902–914.

80. El selenuro A presenta actividad leishmanicida potencial. Diseña una síntesis del compuesto A a partir de *para*-nitroanilina.

La presencia en la parte central de la molécula objetivo A de un selenuro nos ofrece la posibilidad de hacer dos desconexiones simultáneas (a) de tipo C-Se que se vinculan a reacciones de sustitución nucleofílica y que nos conduce al compuesto B con una agrupación α-cloroacetanilida. Una desconexión (b) de tipo C-N (amida) nos conduce a la *para*-nitroanilina (SM) y al cloruro de α-cloroacetilo (C).

Así pues, la secuencia sintética es la siguiente:[1] En primer lugar, se lleva a cabo una reacción de sustitución nucleofílica sobre grupo acilo entre *para*-nitroanilina (SM) y cloruro de cloroacetilo (C), dando lugar a la formación de la amida B.

Por otra parte, se prepara una especie nucleofílica de selenio a partir de selenio elemental por reducción con borohidruro de sodio, generándose NaHSe.[2]

Finalmente, el compuesto B se hace reaccionar con la especie nucleofílica de selenio (NaHSe) obtenida previamente, lo que da lugar, mediante una sustitución nucleofílica, al producto deseado A.

193

Bibliografía.

1) M.-F. N. Huang, *et. al.*, *J. Braz. Chem. Soc.* **2021**, *32*, 712-721.

2) M. B. Smith, J. March, *March's Advanced Organic Chemistry*, 6th Edition, John Wiley and Sons, Hoboken, New Jersey, **2007**, pág. 552.

81. La piperocaína (A) es un anestésico local. Diseña una síntesis de piperocaína (A) a partir de ácido benzoico (SM) y cualquier otro material de partida necesario (C$_3$ máximo).

La presencia en la molécula objetivo A de un grupo éster nos permite hacer una primera desconexión (a) de tipo C-O (éster) que nos conduce al cloruro de benzoílo (B) y al aminoalcohol C.

En el aminoalcohol C observamos una relación 1,3 entre el grupo hidroxilo y el átomo de nitrógeno de la amina terciaria. Es por ello que hacemos primero una interconversión de grupo funcional hidroxilo a aldehído y a continuación una desconexión (b) de tipo 1,3-diX vinculada a una adición conjugada que nos conduce a acroleína (E) y a la 2-metilpiperidina (F).[1] Teniendo en cuenta los métodos de síntesis de piperidinas[2], se continua el análisis retrosintético sobre F con una doble adición de grupo funcional (dos dobles enlaces), lo que facilita una doble desconexión (c) de tipo C-N que nos conduce al cetoaldehído H.[2] En este compuesto H los dos grupos carbonilo ocupan posiciones relativas 1,5-, lo cual facilita una desconexión (d) de tipo 1,5-diCO que nos conduce a acetona (I) y acroleína (E) vinculada a una adición de Michael.[1]

Así pues, la secuencia sintética derivada del anterior análisis retrosintético es la siguiente: Por una parte, se lleva a cabo la síntesis del cloruro de benzoílo (B) a partir de ácido benzoico (SM) con cloruro de tionilo en éter. Por otra parte, se realiza la síntesis del aminoalcohol C. Para ello, se comienza con la adición de Michael entre acetona (I) y acroleína (E), que conduce al cetoaldehído H. Este compuesto 1,5-dicarbonílico se trata con amoníaco que, tras dos reacciones de condensación consecutivas, da lugar a la 4,5-dihidropiridina G. La reducción catalítica de esta con hidrógeno y la posterior adición conjugada de la 2-metilpiperidina (F) obtenida sobre acroleína (E) genera el aldehído D. Finalmente, su reducción con borohidruro de sodio produce el alcohol C.

Una vez obtenidos el cloruro de benzoílo (B) y el alcohol C se hacen reaccionar en presencia de piridina para dar lugar a la piperocaína (A)

Bibliografía.

1) J. Clayden, N. Greeves, S. Warren, *Organic Chemistry*, 2nd Edition, Oxford University Press, Oxford, **2012**, pág. 500 (adición conjugada de aminas) y 605-607 (adición conjugada de enolatos).

2) J. A. Joule, K. Mills, *Heterocyclic Chemistry*, 5th Edition, Wiley, Chichester, **2010**, pág. 156-157.

82. La amilocaína (A) es un fármaco que se emplea como anestésico local. Diseña una síntesis de amilocaína (A) a partir de ácido benzoico (SM) y cualquier otro material de partida necesario (C$_2$ máximo).

y cualquier otro material de partida necesario (C$_2$ máx.)

La presencia en la molécula objetivo A de un grupo éster nos permite hacer una primera desconexión (a) de tipo C-O (éster) que nos conduce al cloruro de benzoílo (B) y al aminoalcohol C.

En el compuesto C, con un grupo hidroxilo terciario y una amina también terciaria en posiciones relativas 1,3-, hacemos la segunda desconexión (b) de tipo 1,2-diX, vinculada a la reacción de apertura del epóxido D por la acción de la dimetilamina E.[1]

Generalmente los epóxidos por interconversión de grupo funcional nos conducen a los correspondientes alquenos. Sin embargo, en este caso hay que darse cuenta que el epóxido tiene 5 átomos de carbono y puesto que los materiales de partida están restringidos a compuestos con 2 átomos de carbono máximo, es lógico pensar que los 5 átomos de carbono procederán de la integración de cadenas hidrocarbonadas 1+2+2. Teniendo presente este razonamiento, la siguiente desconexión (c) sobre el epóxido D la hacemos teniendo en cuenta la reacción de formación de epóxidos a partir de cetonas y el metiluro de dimetilsulfonio.[1] Llegamos así a la cetona F. A partir de este compuesto F una desconexión (d) de tipo 1,1 C-C nos conduce, por ejemplo, al dietilcuprato de litio (G) y al cloruro de acetilo (H).[1]

Así pues, la secuencia sintética derivada de este análisis es la siguiente: en primer lugar, el ácido acético se activa mediante su conversión en el cloruro de ácido H, utilizando cloruro de tionilo como reactivo. A continuación, el cloruro de ácido H se somete a una reacción de sustitución nucleofílica sobre el grupo acilo con el dietilcuprato de litio G, obteniéndose la cetona F. Posteriormente, el tratamiento del compuesto F con metiluro de dimetilsulfonio permite la formación del epóxido D. Este epóxido reacciona mediante una adición nucleofílica con la dimetilamina (E), generando el aminoalcohol C. Este aminoalcohol resulta del ataque nucleofílico de la amina sobre el carbono menos sustituido del epóxido siguiendo un mecanismo de apertura de tipo S_N2. Finalmente, el aminoalcohol C se transforma en amilocaína (A) mediante una sustitución nucleofílica con el cloruro de benzoílo (B). Otras síntesis descritas utilizan otros materiales de partida.[2]

Bibliografía.

1) J. Clayden, N. Greeves, S. Warren, *Organic Chemistry*, 2nd Edition, Oxford University Press, Oxford, **2012**, pág. 351-352 (apertura de epóxidos), 665-667 (iluros de sulfonio) y 218 (reacción de dialquilcupratos de litio con cloruros de ácido).

2) J.-P Quintard, B. Elissondo, B. Jousseaume, *Synthesis*. **1984**, 495–498.

83. La ciclometicaína (A) es un analgésico local utilizado en odontología. Diseña una síntesis de la ciclometicaína (A) a partir de cualquier material de partida necesario (C_7 máximo)

A

Cualquier material de partida necesario (C_7 máx.)

La presencia en la parte central de la molécula objetivo A de un grupo éster nos permite hacer una primera desconexión (a) de tipo C-O (éster) que nos conduce al cloruro de ácido B y al alcohol C. El cloruro de ácido B, por interconversión de grupo funcional lo transformamos en el correspondiente ácido carboxílico D. La presencia en este compuesto de un éter permite hacer una segunda desconexión (b) de tipo C-O (éter), vinculada a una síntesis de Williamson, que nos conduce al bromuro de ciclohexilo (E) y al ácido 4-hidroxibenzoico (F).

Por su parte en el compuesto C, aparte del hidroxilo primario, existe una amina terciaria que permite una nueva desconexión (c) de tipo C-N (amina) que nos conduce al 3-cloropropanol (G) y a la 2-metilpiperidina (H) (véase el ejercicio 81 para un análisis alternativo para el compuesto C).

Así pues, la secuencia sintética es la siguiente:[1] por una parte, la 2-metilpiperidina (H) y el 3-cloropropanol (G) se hacen reaccionar en presencia de K_2CO_3 para obtener el aminoalcohol C. Para la síntesis del éter D,[2] se hace reaccionar bromuro de ciclohexilo (E) con ácido 4-hidroxibenzoico (F) en presencia de una cantidad subestequiométrica de yoduro de tetrabutilamonio. El ácido D se hace reaccionar con $SOCl_2$ para obtener el correspondiente cloruro de ácido B, el cual se hace reaccionar con el aminoalcohol C para obtener la ciclometicaína (A).

Bibliografía.

1) (a) S.M. McElvain, T.P. Carney, US Patent. 2.439.818 (**1948**). (b) S. McElvain, T.P. Carney *J. Am. Chem. Soc.*,**1946**, *68*, 2592-2600.

2) N. Kühl, *et al. J. Med. Chem.*, **2020**, *63*, 8179–8197.

84. El 4-(2-metoxipiridin-3-il)pirrolidina-2-carboxilato de metilo (A) presenta una estructura relacionada con los ácidos acromélicos, aislados del hongo *Clitocybe acromelalga* y con una potente actividad neuroexcitatoria . Diseña una síntesis del compuesto A a partir de 2-cloropiridina (SM) y cualquier otro material de partida acíclico.

A   SM   y cualquier otro material de partida acíclico.

Al comparar la estructura de la molécula objetivo (A) con la 2-cloropiridina (SM) observamos que se trata de incorporar un anillo de pirrolidina a la posición 3 del anillo de piridina, además de reemplazar el átomo de cloro por un grupo metoxilo.

Puesto que los materiales de partida están limitados a compuestos acíclicos la posición de la primera desconexión (a) puede corresponder a la formación del anillo de pirrolidina vinculada a una reacción de aminación reductiva intramolecular y que nos conduce al compuesto B.[1] Una segunda desconexión (b) se podría hacer en la posición contigua al carbono bencílico de B, compatible con una adición de Michael del enolato del piruvato de metilo (C) a un nitroalqueno D,[2] el cual se prepararía, como es usual, mediante una reacción de Henry a partir del correspondiente aldehído E.[1] Este compuesto E se podría preparar por formilación de la 2-metoxipiridina (F), la cual a su vez se obtendría de la 2-cloropiridina (SM) por una reacción de sustitución nucleofílica.[3]

Así pues, la secuencia sintética es la siguiente:[4] El tratamiento de la 2-cloropiridina (SM) con NaOMe en metanol conduce a la 2-metoxipiridina (F) mediante una sustitución nucleófila aromática en la posición 2 del anillo de piridina. A continuación, la incorporación del grupo aldehído en la posición 3 de la piridina se lleva a cabo por *orto*-metalación con *terc*-butil-litio, seguida de formilación del organolítico con DMF. En concreto, el grupo metoxi dirige regioselectivamente la litiación con *terc*-

BuLi a la posición *orto*. El reactivo aril-lítico formado reacciona con el grupo carbonilo de la dimetilformamida para dar lugar, después de hidrólisis, al aldehído E.

A continuación, se lleva a cabo la reacción de Henry, según la cual el nitrometano, desprotonado por reacción ácido-base con la trietilamina, ataca al carbonilo del grupo aldehído. El β-nitroalcóxido formado es protonado por el ácido conjugado de la trietilamina para dar lugar al correspondiente β-nitroalcohol G. El tratamiento de G con cloruro de mesilo da lugar a la conversión del grupo hidroxilo en mesilato, un buen grupo saliente cuya eliminación en condiciones básicas deriva en la formación del nitroalqueno D. Este participa como aceptor en la adición de Michael con el enolato del piruvato de metilo (C), formado en presencia de una base fuerte como el diisopropilamiduro de litio (LDA). Esta reacción conduce al compuesto B, precursor del anillo de pirrolidina. Tras someter a B a condiciones reductoras con Ni Raney en atmósfera de H_2 y presión elevada, el grupo nitro se reduce a amina primaria, la cual condensa intramolecularmente con el grupo carbonilo de cetona para dar la correspondiente cetimina, cuya reducción da lugar a la formación del anillo de pirrolidina, obteniéndose así la molécula objetivo A.

Bibliografía.

1) J. Clayden, N. Greeves, S. Warren, *Organic Chemistry*, 2nd Edition, Oxford University Press, Oxford, **2012**, pág. 234-235 (reacción de aminación reductiva), 622-624 (reacción de Henry)

2) F. A. Carey, R. J. Sundberg, *Advanced Organic Chemistry*, Part B, 5th Edition, Springer, New York, **2007**, pág. 188.

3) J. A. Joule, K. Mills, *Heterocyclic Chemistry*, 5th Edition, Wiley, Chichester, **2010**, pág. 133 y 136.

4) Idea tomada de H. Ouchi, *et al.*, *Org. Letters* **2014**, *16*, 1980-1983

85. En el contexto de un estudio sobre reacciones de Diels-Alder se han sintetizado diferentes ciclohexenos sustituidos. Diseña una síntesis de 1-isopropil-4-metil-4-vinilciclohex-1-eno (A) a partir de materiales de partida acíclicos.

A (racémico)

Al analizar la estructura de la molécula objetivo A observamos que se trata de un ciclohexeno con diferentes sustituyentes, lo cual nos tiene que hacer pensar en una desconexión que se pueda vincular a una reacción de Diels-Alder. Para ello es importante saber detectar las estructuras del dieno y dienófilo que participarán en la reacción.

La primera desconexión (a) del tipo 1,1 C-C corresponde a la incorporación del grupo isopropilo al anillo de ciclohexeno vinculada a una reacción de adición de un reactivo organometálico a una cetona seguida de deshidratación del alcohol terciario resultante. Tendríamos así la cetona B, sobre la cual llevamos a cabo una IGF, concretamente a un sililéter de enol C, ya que es conocido que este tipo de agrupaciones están presentes como sustituyentes en diferentes dienos ampliamente utilizados en reacciones de Diels-Alder.[1]

Por otra parte, sobre el metileno terminal se puede hacer una desconexión (b) C=C, vinculada a una reacción de Wittig,[1] que nos conduce a un aldehído. Llegamos así al compuesto D, en el que es fácil detectar, a través de las desconexiones (c), las estructuras del dieno E y dienófilo F que participan en la reacción de Diels-Alder.

Así pues, la secuencia sintética es la siguiente:[2] El tratamiento de la metil vinil cetona (G) con hexametildisilazanuro de potasio (KHMDS) en THF seguido de adición de cloruro de *terc*-butildimetilsililo (TBSCl) conduce al correspondiente sililéter de enol E, el cual en la etapa siguiente se utiliza como dieno en la reacción de Diels-Alder con la 2-metilacroleína (F) como dienófilo, dando lugar al correspondiente aducto D.

A partir de este compuesto D se lleva a cabo la olefinación de Wittig con el metiluro de trifenilfosfonio obteniéndose el compuesto C. A continuación, se lleva a cabo la hidrólisis ácida del sililéter de enol obteniéndose la cetona B, sobre la que se lleva a cabo la adición de isopropil-litio en éter a baja temperatura, seguida del correspondiente work-up ácido y deshidratación del alcohol terciario obtenido. Se obtiene así la molécula objetivo A.

Bibliografía.

1) J. Clayden, N. Greeves, S. Warren, *Organic Chemistry*, 2nd Edition, Oxford University Press, Oxford, **2012**, pág. 877 (reacción de Diels-Alder) y 689 (reacción de Wittig).

2) Idea tomada de S. A. Kozmin, V. H. Rawal, *J. Am. Chem. Soc.* **1997**, *119*, 7165-7166.

86. Las flavonas constituyen un grupo de productos naturales ampliamente distribuido y que presentan una gran variedad de actividades biológicas y farmacológicas. Diseña una síntesis de la flavona A a partir de floroglucinol (SM) y cualquier otro material de partida necesario (C_8 máximo).

A presencia en el compuesto A de la agrupación benzopiranona nos hace pensar en una primera desconexión (a) que se corresponde con la formación del anillo de piranona y que nos conduce a la 1,3-dicetona B. A partir de esta dicetona se hace una segunda desconexión (b) del tipo 1,3-diCO vinculada a una condensación de Claisen cruzada[1] entre la acetofenona sustituida C y al *para*-metoxibenzoato de etilo (D).

Muy frecuentemente, en la síntesis de flavonas, la preparación de las 1,3-dicetonas de tipo B se lleva a cabo mediante la transposición de Baker–Venkataraman[2] partiendo de 2-

aciloxiacetofenonas. En este caso se partiría del compuesto E, el cual se prepara por reacción del hidroxilo libre presente en el compuesto C con el cloruro del ácido *para*-metoxibenzoico (F). En el compuesto C hacemos una nueva desconexión (d) del tipo C-O vinculada a una síntesis de Williamson[1] seguido de una desconexión (e) de tipo C-C implicando un anillo aromático y que se corresponde con una reacción de acilación de Friedel-Crafts.[1]

Así pues, la secuencia sintética derivada de este análisis retrosintético es la siguiente:[3] A partir del floroglucinol (SM) llevamos a cabo una reacción de acilación de Friedel-Crafts con cloruro de acetilo en presencia de un ácido de Lewis (AlCl$_3$) obteniendo la correspondiente acetofenona trihidroxilada G. Sobre este compuesto es posible llevar a cabo una reacción de metilación parcial con sulfato de dimetilo en presencia de carbonato de potasio. La base desprotona dos grupos hidroxilo, generando los correspondientes fenóxidos que dan lugar a una síntesis de Williamson con el sulfato de dimetilo y proporcionando la acetofenona sustituida C con un grupo hidroxilo libre.

Con cloruro de *para*-metoxibenzoilo (F) en presencia de trietilamina/ dimetilaminopiridina se lleva a cabo la acilación de este hidroxilo libre proporcionando el compuesto E. En presencia de una base fuerte, hexametildisilazanuro de litio a baja temperatura este compuesto E experimenta la transposición de Baker–Venkataraman dando lugar a la 1,3-dicetona B, la cual por tratamiento con acetato de sodio/ ácido acético se equilibra con su forma enólica, la cual experimenta una reacción de deshidratación intramolecular transformándose en la benzopiranona A.

Bibliografía.

1) J. Clayden, N. Greeves, S. Warren, *Organic Chemistry*, 2nd Edition, Oxford University Press, Oxford, **2012**, pág. 645-646 (condensación de Claisen cruzada), 340 (síntesis de Williamson) y 477-478 (acilación de Friedel-Crafts).

2) R. Kshatriya, V. P. Jejurkar, S. Saha, *Tetrahedron*, **2018**, *74*, 811-833.

3) D. Ameen, T. J. Snape, *Synthesis*, **2015**, *47*, 141-158.

87. Las piperidinas son una clase importante de compuestos encontrados comúnmente en productos naturales y fármacos. Diseña una síntesis de 3-(2,5-dimetoxifenil)-1-propilpiperidina (A) a partir de hidroquinona (SM) y cualquier otro material de partida acíclico.

Al comparar la estructura de la molécula objetivo A con la hidroquinona (SM) de partida observamos que se trata de incorporar un anillo de piperidina a la posición 2 del anillo bencénico.

Puesto que los materiales de partida están limitados a compuestos acíclicos la posición de la primera desconexión sería la (a) del tipo C-N (amina) vinculada a la formación del anillo de piperidina mediante una reacción de aminación reductiva intramolecular[1] que nos conduciría al aminoaldehído B. Una interconversión de grupo funcional de amino a ciano, nos permitiría hacer una segunda desconexión (b) del tipo 1,5-diCO en la posición contigua al carbono bencílico del compuesto C, compatible con una adición de Michael del enolato del aldehído D al acrilonitrilo.

Ahora bien, dadas las dificultades inherentes a la formación y alquilación de enolatos de aldehídos, es conveniente hacer previamente una interconversión del grupo aldehído al éster E, sobre el que haríamos la desconexión (c) del tipo 1,5-diCO vinculada a una adición de Michael del enolato del éster F al acrilonitrilo.[2] Finalizaría el análisis retrosintético con una desconexión (d) del tipo 1,1 C-C que nos conduciría al cloruro bencílico G, en el que haríamos una desconexión (e) C-C en carbono aromático compatible con la reacción de clorometilación[2] del dimetiléter de la hidroquinona H. La doble desconexión (f) de tipo C-O (éter) nos conduciría a la hidroquinona de partida (SM).

Así pues, la secuencia sintética derivada de este análisis retrosintético es la siguiente:[3] La hidroquinona de partida (SM) se metila utilizando sulfato de dimetilo en presencia de carbonato de potasio para obtener 1,4-dimetoxibenceno (H). Una reacción de clorometilación con formaldehído en presencia de HCl conduce al cloruro bencílico correspondiente G. Este compuesto se trata con cianuro de potasio en DMSO transformándose en el nitrilo correspondiente a través de una reacción de tipo S_N2. El nitrilo obtenido al ser tratado con EtOH en presencia de ácido se transforma en el éster F. La reacción de Michael de este éster con acrilonitrilo se lleva a cabo en presencia de hidróxido de benciltrimetilamonio (Triton B), que actúa como catalizador de transferencia de fase, con lo que se obtiene el compuesto E. La hidrogenación del producto de Michael E con hidrógeno utilizando Pd/C como catalizador genera un δ-aminoéster I que cicla espontáneamente, obteniéndose la δ-lactama correspondiente J. Llegados a este punto, sólo queda alquilar el nitrógeno de la δ-lactama con bromuro de propilo en medio básico (NaH) y reducir la δ-lactama con un reductor fuerte (LiAlH$_4$) para obtener la molécula objetivo A.

MeO / OMe — H$_2$, Pd/C → [MeO / OMe NH$_2$ CO$_2$Et] → MeO / OMe N H O

E   I   J

1) NaH, DMF

2) ^{n}PrBr

→ MeO / OMe N O (K) — 1) LiAlH$_4$, éter 2) H$_2$O → MeO / OMe N (A)

Alternativamente se podría pensar en un segundo análisis retrosintético que se iniciaría, a partir de A, con una desconexión (g), en lugar de la (a) también del tipo C-N (amina) y que se vincularía con la aminación reductiva intramolecular del aminoaldehído L. Una interconversión del grupo amina a ciano nos conduciría al cianoaldehído M, sobre el que haríamos una desconexión (h) de tipo 1,5-diCO que se correspondería con la adición de Michael del enolato del nitrilo N a la acroleína. Finalizaría el análisis retrosintético de forma similar a la indicada en el primer análisis.

MeO / OMe g N A — C-N (amina) (g) ⟹ MeO / OMe CHO NH L — IGF ⟹

MeO / OMe h CHO CN M — 1,5-diCO (h) ⟹ CHO + MeO / OMe CN N

EJERCICIO. Dibuja y comenta la secuencia sintética derivada de este segundo análisis.

Bibliografía.

1) J. Clayden, N. Greeves, S. Warren, *Organic Chemistry*, 2nd Edition, Oxford University Press, Oxford, **2012**, pág. 234 (aminación reductiva).

2) F. A. Carey, R. J. Sundberg, *Advanced Organic Chemistry*, Part B, 5th Edition, Springer, New York, **2007**, pág. 186 (adición de Michael a acrilonitrilo) y 1023 (reacción de clorometilación).

3) J. G. Cannon, *et al.*, *J. Med. Chem.* **1993**, *36*, 2416-2419.

88. El 9-metoxi-2,3,4,5,6,7-hexahidro-1H-benzo[e]azonina-1,8-diol (A) es un intermedio en una síntesis bioinspirada de diferentes alcaloides. Diseña una síntesis del compuesto A a partir de isovainillina (SM).

Al comparar la estructura de la molécula objetivo A con la de la isovainillina (SM) de partida observamos que en esta síntesis se trata de incorporar un anillo de nueve miembros condensado al anillo bencénico.

La presencia del grupo amino nos indica claramente la posición de la primera desconexión. Se trata de una desconexión (a) (o alternativamente a') del tipo C-N (amina) que se podría asociar a una reacción de sustitución nucleofílica intramolecular[1] y que nos conduciría al compuesto B. Lógicamente el mesilato presente en B procedería del correspondiente alcohol C. Teniendo en cuenta que la cadena hidrocarbonada en la que está instalado el grupo hidroxilo es de tres átomos de carbono, C podría derivarse de la hidratación anti-Markovnikov de un grupo alilo (compuesto D).

Por otra parte, la cadena hidrocarbonada en la que está instalado el grupo amino también es de tres átomos de carbono. Teniendo presente la relación 1,3- entre este grupo amino y el grupo hidroxilo se podría pensar en una desconexión 1,3-N,O que se podría vincular con la reacción de tipo aldólico del aldehído F con acetonitrilo[1] (con interconversión previa del grupo funcional amino en ciano).

La presencia en F del grupo alilo en posición *orto* a un grupo hidroxilo constituye una característica estructural que facilita el siguiente paso (d) en el análisis retrosintético, que podemos vincular a una reacción de transposición de Claisen[1] del éter aril-alílico G. Finalmente una desconexión (e) de tipo C-O (éter) nos conduciría a la isovainillina (SM), vinculada a una síntesis de Williamson.

A la vista del análisis retrosintético realizado parece bastante evidente que la desconexión (a') que se planteó al inicio como alternativa a la desconexión (a) y que nos conduciría al compuesto B' necesitaría de un mayor número de etapas debido a la naturaleza de los grupos funcionales presentes en las dos cadenas hidrocarbonadas de tres átomos de carbono.

Así pues, la secuencia sintética es la siguiente:[2] En primer lugar, se lleva a cabo la síntesis de Williamson entre la isovainillina (SM) y el bromuro de alilo en medio básico para dar el éter aril-alílico G. Este experimenta una transposición de Claisen por calentamiento en microondas obteniéndose el compuesto I. A continuación, I se trata con cloruro de terc-butildimetilsililo en presencia de una base como imidazol con el objetivo de proteger el grupo hidroxilo fenólico. Seguidamente, se lleva a cabo la reacción de tipo aldólico entre el aldehído presente en F y acetonitrilo utilizando terc-butóxido de potasio como base en THF. De este modo, se genera el compuesto J el cual por reducción del grupo ciano con tetrahidruro de aluminio y litio en THF se transforma en la amina K. Este compuesto se protege con dicarbonato de di-terc-butilo en etanol, obteniéndose así la amina protegida como Boc, compuesto L. A continuación, el hidroxilo secundario presente en L se protege también con cloruro de terc-butildimetilsililo en presencia de imidazol en diclorometano, dando lugar a D. El doble enlace del grupo alilo en D se somete a una hidratación anti-Markovnikov mediante una reacción de hidroboración y la posterior oxidación del alquilborano formado con agua oxigenada, que origina el compuesto C. El alcohol formado se hace reacción con cloruro de mesilo en presencia de piridina dando lugar al mesilato M. Este compuesto se trata con un exceso de hidruro de sodio que provoca, por una parte, la desprotonación de la amina protegida y la consecuente reacción de tipo S$_N$2 intramolecular con el mesilato. Por otra parte, el hidruro provoca la desprotección selectiva del grupo hidroxilo fenólico frente al alcohólico debido a la estabilización de la carga negativa del fenóxido por resonancia, que facilita la ruptura del silil éter fenólico frente a la del silil éter alquílico. Se obtiene así el compuesto N. Por último, la desprotección de la amina y del grupo hidroxilo alcohólico se llevan a cabo simultáneamente con ácido trifluoroacético en diclorometano para formar el compuesto objetivo A.

Bibliografía.

1) J. Clayden, N. Greeves, S. Warren, *Organic Chemistry*, 2nd Edition, Oxford University Press, Oxford, **2012**, pág. 805-807 (sustitución nucleofílica intramolecular), 585 (desprotonación de nitrilos) y 909-912 (transposición de Claisen).

2) C.-M. Chen, H.-Y. Shiao, B.-J. Uang, H.-P. Hsieh, *Angew. Chem. Int. Ed.* **2018**, *57*, 15572–15576.

89. El compuesto A presenta actividad leishmanicida. Diseña una síntesis de dicho compuesto a partir de 4-hidroxiquinolein-2(1H)-ona (SM) y cualquier monoterpeno.

Al comparar las estructuras de la molécula objetivo A y del material de partida SM podemos observar que en esta síntesis hemos de incorporar en el material de partida los anillos C y D presentes en la molécula objetivo, además de introducir el grupo bencilo en el átomo de nitrógeno de la lactama.

Una vez hecha la desconexión (a) de tipo C-N, vinculada a la reacción de desbencilación del nitrógeno de la lactama y que nos conduce al compuesto B, nos podemos fijar en el anillo D. En este anillo está presente una agrupación *gem*-dimetilo en el carbono alílico de un doble enlace existente en el anillo C. Esta característica estructural nos ofrece la posibilidad de una desconexión (b) vinculada a una ciclación catiónica[1] del compuesto C.

Por otro lado, en el anillo C observamos un grupo éter que nos permite una desconexión (c) de tipo C-O que nos conduce al diol D. Uno de los grupos hidroxilo del diol D ocupa una posición alílica y por lo tanto podemos formular su producto de transposición E,[2] en el que podemos llevar a cabo una desconexión (d) de tipo 1,3-diO asociada a una reacción de adición de tipo aldólico[3] entre el material de partida (SM) y el citral (F), un monoterpeno fácilmente accesible.

Así pues, la secuencia sintética es la siguiente:[4] Por tratamiento de una mezcla del material de partida (SM) y citral (F) con ácido etilendiaminodiacético (EDDA) en etanol e irradiación con microondas se obtiene directamente el compuesto C como resultado de una reacción de tipo aldólico, transposición alílica del hidroxilo resultante y ciclación con formación de un éter. Antes de llevar a cabo la ciclación en medio ácido de este compuesto, se procede a la introducción del grupo bencilo en el nitrógeno de la lactama. Para ello el compuesto C se trata con NaH en dimetilformamida y a continuación con cloruro de bencilo. Se obtiene así el compuesto G, el cual por tratamiento con tetracloruro de estaño en diclorometano experimenta una reacción de ciclación con formación del anillo D, obteniéndose así la molécula objetivo A.

Bibliografía.

1) F. A. Carey, R. J. Sundberg, *Advanced Organic Chemistry*, Part B, 5th Edition, Springer, New York, **2007**, pág. 867-868.

2) M. B. Smith, J. March, *March's Advanced Organic Chemistry*, 6th Edition, John Wiley and Sons, Hoboken, New Jersey, **2007**, pág. 469.

3) J. Clayden, N. Greeves, S. Warren, Organic Chemistry, 2nd Edition, Oxford University Press, Oxford, **2012**, pág. 618-619.

4) G. Jézéquel *et al.*, *Molecules.* **2022**, *27*, 7892.

90. La lidocaína (A) es un fármaco que se emplea como anestésico local. Diseña una síntesis de lidocaína (A) a partir de anilina (SM) y cualquier otro material de partida necesario (C$_4$ máximo).

La presencia de un átomo de nitrógeno unido al carbono α a un grupo carbonilo nos ofrece la posibilidad de una primera desconexión (a) de tipo C-N, asociada a una reacción de sustitución nucleofílica sobre un compuesto α-halogenocarbonílico.[1] Llegamos así al compuesto B y a dietilamina (C). En el compuesto B hacemos una desconexión (b) de tipo C-N (amida) lo que nos proporciona 2,6-dimetilanilina (D) y cloruro de α-cloroacetilo (E)

Para finalizar el análisis retrosintético nos hemos de centrar en la 2,6-dimetilanilina (D). Los grupos metilo unidos al anillo bencénico se han de introducir mediante una reacción de alquilación de Friedel-Crafts. Ahora bien, dado que las anilinas no experimentan este tipo de reacciones debido a la coordinación del grupo amino con el ácido de Lewis utilizado como catalizador es necesario una reconexión del grupo amino a acetamido. Además, como este grupo dirige fundamentalmente a su posición *para,* es imprescindible tener bloqueada dicha posición para que la reacción de Friedel-Crafts tenga lugar en las posiciones *orto.*[1] Teniendo en cuenta estos dos hechos el análisis retrosintético a partir de D se plantea de la siguiente manera. En primer lugar, una reconexión de grupo amino a acetamido y bloqueo de la posición *para* nos conduce al compuesto F, a partir del cual se hace la desconexión C-C asociada a la reacción de alquilación de Friedel-Crafts con lo que se llega al compuesto G. A partir de G hacemos una desconexión C-S asociada a la reacción de sulfonación de la acetanilida (H). Finalmente, una desconexión C-N (amida) nos conduce a la anilina (SM).

Así pues, la secuencia sintética es la siguiente:[2] en primer lugar se hace reaccionar la anilina (SM) con anhídrido acético, obteniéndose la acetanilida H. A continuación, H se hace reaccionar con ácido sulfúrico a temperatura alta dando lugar al producto de sustitución electrofílica aromática G, en el que se ha introducido un grupo SO_3H en posición *para*, bloqueando esta posición en la reacción posterior. El tratamiento del compuesto G con CH_3Br en presencia de $FeBr_3$ conduce a la doble alquilación de Friedel-Crafts dando lugar al compuesto F. El calentamiento de la amida F en medio ácido acuoso conduce simultáneamente a la eliminación del grupo SO_3H y la hidrólisis de la amida permitiendo la obtención de la 2,6-dimetilanilina (D). A partir del compuesto D, se lleva a cabo la formación de la amida B por reacción con el cloruro de cloroacetilo (E). Finalmente, la sustitución nucleofílica utilizando dietilamina (C) permite la obtención de la lidocaína (A).

Bibliografía.

1) J. Clayden, N. Greeves, S. Warren, *Organic Chemistry*, 2nd Edition, Oxford University Press, Oxford, **2012**, pág. 461-464 (α-halogenación de cetonas) y 473-490 (sustitución aromática electrofílica).

2) T. J. Reilly, *J. Chem. Ed.* **1999**, *76*, 1557.

216

91. Los compuestos macrocíclicos son de interés para la industria de la perfumería. Diseña una síntesis de (Z)-ciclooctadec-10-eno-1,2-diona (A) a partir del ácido (±)-treo-9,10-dihidroxioctadecanodioico (SM).

A   SM

El análisis de las cadenas hidrocarbonadas de la molécula objetivo A y del material de partida (SM) muestra que ambas son idénticas (C_{18}) con dos únicas diferencias. La primera de ellas es que la molécula objetivo presenta una cadena hidrocarbonada cíclica mientras que en el material de partida esa cadena hidrocarbonada es acíclica. Una segunda diferencia es que en la molécula objetivo existe un doble enlace *cis* en la posición en la que inicialmente había un diol *treo*.

Un buen método de ciclación conducente a la formación de macrociclos es la reacción de condensación aciloínica en la que un diéster se transforma en una hidroxicetona o aciloína.[1] Así pues, iniciamos el análisis retrosintético con una interconversión de grupo funcional de dicetona de la molécula objetivo A a la hidroxicetona B, a la cual le aplicamos una desconexión (a) de tipo 1,2-diCO conducente al diéster C y que se vincula a la reacción de condensación aciloínica.

Por otra parte, la síntesis de alquenos a partir de 1,2-dioles está bien documentada.[2] Sin embargo, en todos los casos la síntesis estereoespecífica de un alqueno *cis* requiere la utilización de un diol *eritro*. Por lo tanto, en nuestro análisis retrosintético hemos de introducir alguna etapa de isomerización de la estereoquímica del diol de partida.

Así, a partir de C llevamos a cabo una interconversión del doble enlace *cis* a dibromuro *treo* D vinculada a una reacción de eliminación anticoplanar del dibromuro con zinc metálico. Una nueva IGF nos conduce del dibromuro a diol E con el consiguiente cambio en la estereoquímica y, finalmente un nuevo cambio en la estereoquímica del diol E nos conduce al material de partida SM.

La secuencia sintética derivada de este análisis es la siguiente:[3] el ácido *treo*-9,10-dihidroxioctadecanodioico (SM) se somete a un tratamiento de isomerización utilizando HCl/AcOH seguido de hidrólisis alcalina para obtener el isómero *eritro* E. Este diol se convierte en el bromuro *treo* mediante la reacción con HBr/AcOH. El dibromuro D conduce al alqueno *cis* por tratamiento con polvo de Zn a través de una eliminación anticoplanar. Una esterificación de Fischer de este diácido permite obtener el éster dimetílico correspondiente C. El compuesto C se hace reaccionar con sodio metálico en xileno a reflujo para obtener el producto de la condensación aciloínica B. Ya solo queda llevar a cabo la transformación del grupo hidroxilo en carbonilo, en este caso mediante una oxidación de Sarret, para obtener el producto buscado A.

A partir del diéster metílico del *eritro*-diol E también se podría obtener directamente el *cis*-alqueno C, utilizando la reacción de olefinación a partir de dioles de Corey-Winter.[2]

Bibliografía.

1) J. Clayden, N. Greeves, S. Warren, *Organic Chemistry*, 2nd Edition, Oxford University Press, Oxford, **2012**, pág. 983-984.

2) F. A. Carey, R. J. Sundberg, *Advanced Organic Chemistry*, Part B, 5th Edition, Springer, New York, **2007**, pág. 457-461.

3) E. Seoane, M. Arnó, J. R. Pedro, J. Sánchez-Parareda, *Chem. Ind.*, **1978**, 165-166.

92. El componente mayoritario de la feromona de la abeja reina (*Apis mellifera*), presenta la estructura de (*E*)-9-oxo-2-decenoato de metilo (A). Diseña una síntesis de dicha feromona a partir de 9-oxodecanoato de metilo (SM).

A   ⟹   SM

Al comparar la estructura de la molécula objetivo A con la del material de partida SM observamos que se trata de introducir un doble enlace entre los átomos de carbono C2 y C3 de la cadena hidrocarbonada. La posición conjugada de este doble enlace con relación al grupo carbonilo del éster facilita el análisis retrosintético, ya que este doble enlace se puede generar mediante una reacción de eliminación de un buen grupo saliente instalado en la posición α al grupo carbonilo de éster. Ahora bien, para evitar la funcionalización de la posición α al grupo carbonilo de cetona, es necesario, con carácter previo, proteger dicho grupo carbonilo.[1]

Por lo tanto, el análisis retrosintético se inicia con una interconversión de grupo funcional de carbonilo de cetona A al correspondiente etilencetal B. Una nueva interconversión de grupo funcional nos conduciría al compuesto C con un buen grupo saliente en la posición α al grupo carbonilo de éster, vinculada a una reacción de eliminación.[1] A continuación, haríamos una desconexión (a) de tipo C-X que nos conduciría a D, relacionada con una reacción de funcionalización en α al grupo carbonilo de éster. Finalmente, una interconversión de grupo funcional del etilencetal presente en D a cetona nos conduciría al material de partida SM.

A   IGF ⟹   B   IGF ⟹

C   C-X (a) ⟹   D   IGF ⟹

SM

Se ha descrito una secuencia sintética[2] que se corresponde con el análisis retrosintético anterior: En primer lugar, se protege el grupo carbonilo de cetona en forma de etilencetal, mediante reacción con etilenglicol en medio ácido. A continuación, se introduce un grupo metilsulfuro en posición α al éster, utilizando LDA para llevar a cabo la formación del enolato de litio correspondiente y a continuación se añade dimetildisulfuro como electrófilo obteniéndose C. Posteriormente, el acetal se elimina mediante tratamiento ácido, y el sulfuro se oxida a sulfóxido utilizando peryodato de sodio. Finalmente, el sulfóxido se elimina calentando el compuesto F, lo que da lugar a (E)-9-oxo-2-decenoato de metilo (A).

Bibliografía.

1) J. Clayden, N. Greeves, S. Warren, *Organic Chemistry*, 2nd Edition, Oxford University Press, Oxford, **2012**, pág. 549-560 (protección de grupos funcionales) y 684-686 (alquenos a partir de sulfóxidos).

2) B. M. Trost, T. N. Salzmann, K. Hiroi, *J. Am. Chem. Soc.* **1976**, *98*, 4887-4902.

93. El octocrileno es un derivado del ácido cinámico que suele formar parte de la composición de los protectores solares. Diseña una síntesis del análogo (A) a partir de furfural (SM).

Octocrileno

La presencia en la molécula objetivo A de un grupo éster y de un doble enlace C=C nos ofrece la posibilidad de hacer dos desconexiones. Se puede iniciar el análisis retrosintético con una desconexión (a) del tipo C-O (éster) que nos conduce al 1-octanol (B) y al ácido C. En este compuesto C hacemos una desconexión (b) de tipo 1,3-diO vinculada a una reacción tipo Knoevenagel[1] con lo que llegamos al furfural (SM) y al ácido cianoacético (D).

También se puede plantear un segundo análisis retrosintético en el que se invierten el orden de estas dos desconexiones. En primer lugar, se hace la desconexión (c) de tipo 1,3-diO que nos conduce al furfural (SM) y al cianoéster E, en el que se hace la desconexión (d) de tipo C-O (éster) y que nos conduce al ácido cianoacético (D) y al 1-octanol (B)

La síntesis descrita[2] está de acuerdo con este segundo análisis retrosintético. El tratamiento del ácido cianoacético (D) con octanol (B) en presencia de NbCl₅ conduce al correspondiente cianoacetato E. Este compuesto E, se hace reaccionar con furfural en presencia de piperidina, bajo condiciones normales de condensación de Knoevenagel, dando lugar a la molécula objetivo A.

EJERCICIO. Dibuja y comenta la secuencia sintética derivada del primer análisis retrosintético.

Bibliografía.

1) F. A. Carey, R. J. Sundberg, *Advanced Organic Chemistry*, Part B, 5th Edition, Springer, New York, **2007**, pág. 147-148.

2) H. C. Polonini, R. S. Lopes, A. Beatriz, R. S. Gones *et al.*, *Quim. Nova* **2014**, *37*, 1004-1009.

94. Octocrileno y avobenzona son compuestos que suelen formar parte de la composición de los protectores solares. Diseña una síntesis del compuesto (A) que combina elementos de ambas estructuras a partir de *para*-hidroxiacetofenona (SM) y cualquier otro material de partida que se necesite.

Octocrileno

Avobenzona

A

SM

La presencia en la molécula objetivo A de un grupo éster nos permite hacer una primera desconexión (a) de tipo C-O (éster) que nos conduce a dos fragmentos B y C con estructuras relacionadas con el octocrileno y la avobenzona.

A

C-O (éster)

(a)

B +

C

En el compuesto B existe una agrupación ácido carboxílico α,β-insaturado la cual permite hacer una desconexión 1,3-diO vinculada a una reacción tipo Knoevenagel[1] con lo que llegamos a la benzofenona (D) y al ácido 2-cianoacético (E).

B

1,3-diO

(b)

D   E

Por su parte en el compuesto C existe un éter que permite una desconexión (c) de tipo C-O (éter) compatible con una síntesis de Williamson y que nos conduce al 3-bromopropanol (F) y a la 1,3-dicetona G. Finalmente, en G hacemos una desconexión (d) de tipo 1,3-diCO que nos lleva a la *para*-hidroxiacetofenona (SM) y al benzoato de metilo (H) compatible con una reacción de condensación de Claisen cruzada.[2]

Así pues, la secuencia sintética es la siguiente:[3] en primer lugar se lleva a cabo la síntesis del derivado del ácido acrílico B mediante una reacción de tipo Knoevenagel entre el ácido 2-cianoacético (E) y la benzofenona (D). Por otro lado, la *para*-hidroxiacetofenona (SM) se somete a una reacción de eterificación con 3-bromopropanol (F) en presencia de K_2CO_3 como base, y a continuación una condensación cruzada de tipo Claisen entre el intermedio obtenido y benzoato de metilo (H) conduce a la dicetona C. Por último, solo queda realizar el acoplamiento de tipo Steglich[1] entre el ácido carboxílico B y el alcohol C para formar el éster presente en la molécula buscada A.

Bibliografía.

1) F. A. Carey, R. J. Sundberg, *Advanced Organic Chemistry*, 5th Edition, Springer Science, New York, **2007**, pág. 147-148 (reacción de Knoevenagel) y 247 (esterificación de Steglich)

2) J. Clayden, N. Greeves, S. Warren, *Organic Chemistry*, 2nd Edition, Oxford University Press, Oxford, **2012**, pág. 645.

3) A. M. Cowden, *et al. RSC Adv.* **2023**, *13*, 17017-17027.

95. La loperamida (A) se utiliza para el tratamiento sintomático de la diarrea aguda. Diseña una síntesis de loperamida (A) a partir de ácido 2,2-difenilacético (SM) y cualquier otro material de partida necesario.

A → SM y cualquier otro material de partida necesario.

La presencia en la parte central de la molécula objetivo A de un anillo de piperidina sustituida en el nitrógeno y también en el carbono C-4 con un grupo hidroxilo y un arilo nos ofrece la posibilidad de hacer dos desconexiones. Una primera desconexión (a) de tipo C-N (amina) nos proporcionaría una piperidina C no sustituida en el nitrógeno y un haluro de alquilo B, compatible con una sustitución nucleofílica.[1] En el compuesto C, con un grupo hidroxilo terciario, hacemos la segunda desconexión (b) de tipo 1,2 C-C, vinculada a la adición de un reactivo de Grignard E a una cetona D.[1]

Por otra parte, en el compuesto B hacemos una desconexión (c) de tipo C-N (amida) que nos conduce al ácido F. En el átomo de bromo presente en F, hacemos una desconexión (e) de tipo C-Br que nos conduce al hidroxiácido G, en el que se puede observar una posición relativa 1,4 entre los grupos ácido e hidroxilo, lo cual facilita una desconexión 1,4-diCO compatible con la alquilación del enolato del ácido difenilacético (SM) con óxido de etileno (H).[1]

Así pues, la secuencia sintética es la siguiente:[2] La síntesis del anillo de 4-piperidona (D) se lleva a cabo de la siguiente manera: la bencilamina (I) se alquila por partida doble mediante adición conjugada con acrilato de etilo (J). El diéster obtenido (K) se trata con etóxido sódico para formar el anillo de 6 miembros a través de una reacción de ciclación de Dieckmann.[1] El β-cetoéster obtenido L se trata posteriormente con ácido para promover la reacción de hidrólisis seguida de descarboxilación del β-cetoácido. Esta N-bencilpiperidona M se utilizará como equivalente sintético de la amina secundaria D.

El siguiente paso sintético corresponde a la adición de un reactivo de Grignard a la piperidona, razón por la cual conviene mantener el grupo protector bencilo. Tras la adición del reactivo organometálico E a la N-bencilpiperidona M y posterior tratamiento ácido acuoso, se obtiene un aminoalcohol N que, ahora sí, se somete a hidrogenólisis para obtener el intermedio sintético C:

Por otra parte, el ácido difenilacético (SM) debe someterse a una reacción de esterificación de Fischer para obtener el correspondiente éster etílico O, el cual se somete a un tratamiento básico que permite la formación del enolato correspondiente, el cual se captura con óxido de etileno (H). La apertura del epóxido mediante adición nucleofílica del enolato, genera un γ-hidroxiéster que cicla espontáneamente para formar la correspondiente γ-lactona P. Esta lactona puede convertirse en el ácido carboxílico F por tratamiento con HBr en AcOH, que provoca la apertura de la lactona y la consiguiente sustitución nucleofílica del grupo hidroxilo por bromuro.

A continuación, este ácido F se hace reaccionar con cloruro de tionilo para obtener el cloruro de ácido Q, que vuelve a ciclar al ser tratado con dimetilamina formando una sal de imonio R . Esta sal actuará como equivalente sintético del intermedio B frente a adiciones nucleofílicas. La síntesis finaliza con la reacción del compuesto C con la sal de imonio R proporcionando la loperamida (A).

Bibliografía.

1) J. Clayden, N. Greeves, S. Warren, *Organic Chemistry*, 2nd Edition, Oxford University Press, Oxford, **2012**, pág. 340-342 (sustitución nucleofílica), 192 (adición de reactivos de Grignard a cetonas), 351-352 (epóxidos como electrófilos) y 652-654 (condensaciones de Claisen intramoleculares).

2) R. A. Stokbroekx, *et al.*, *J. Med. Chem.*, **1973**, *16*, 782–786.

96. El apatinib (A) es un fármaco utilizado en el tratamiento del carcinoma gástrico. Diseña una síntesis de dicho producto a partir de cloruro de bencilo (SM) y cualquier otro material de partida necesario (C₆ máximo).

y cualquier otro material de partida necesario (C_6 máx.)

La presencia en la molécula objetivo A de los grupos amina secundaria y amida ofrece posiciones para llevar a cabo las correspondientes desconexiones. Asimismo, el grupo nitrilo con un anillo de ciclopentano en su posición α ofrece otra posición potencial para hacer una desconexión.

Se inicia el análisis retrosintético en la posición de la amina secundaria con una desconexión (a) de tipo C-N (amina) que se correspondería con una reacción de sustitución nucleofílica sobre una 2-cloropiridina sustituida B utilizando 4-aminometilpiridina (C) como nucleófilo.[1] En el compuesto B hacemos una desconexión C-N (amida) que nos conduce al cloruro del ácido 2-cloronicotínico D y a la amina aromática E. Una interconversión de grupo funcional nos lleva de la amina E al nitrocompuesto F, vinculada al método usual de preparación de aminas aromáticas por reducción de nitrocompuestos.[2] En F hacemos una desconexión C-N asociada a la reacción de nitración en posición *para* de un anillo aromático monosustituido, lo que nos lleva al nitrilo G con un anillo de ciclopentano en su posición α.

Si nos fijamos el anillo de ciclopentano equivale formalmente a dos grupos alquilo unidos a la posición α del nitrilo y por lo tanto esta característica estructural nos permite hacer una doble desconexión (d) de tipo 1,2 C-C vinculada a una doble alquilación del enolato del 2-fenilacetonitrilo (I) utilizando como alquilante el 1,4-dibromobutano (H). Finalmente, una desconexión (e) de tipo C-C en el nitrilo I nos lleva al cloruro de bencilo (SM) de partida.

Según este análisis retrosintético se ha descrito la siguiente síntesis:[3] el cloruro de bencilo (SM) se somete a una reacción de sustitución nucleofílica con cianuro sódico para obtener 2-fenilacetonitrilo (I). En presencia de una base, este compuesto se puede alquilar doblemente con 1,4-dibromobutano para obtener el compuesto cíclico G. La nitración de este compuesto utilizando KNO_3/H_2SO_4 conduce al nitrocompuesto F, el cual se reduce mediante hidrogenación catalítica para obtener la anilina sustituida E. Por condensación de esta anilina E con cloruro de 2-cloronicotinoílo (D) se obtiene la amida B, la cual se somete a una reacción de sustitución nucleofílica aromática con 4-aminometilpiridina (C), resultando en la formación del compuesto A.

Bibliografía.

1) J. A. Joule, K. Mills, *Heterocyclic Chemistry*, 5th Edition, Wiley, Chichester, **2010**, pág.133-134.

2) J. Clayden, N. Greeves, S. Warren, *Organic Chemistry*, 2nd Edition, Oxford University Press, Oxford, **2012**, pág. 538.

3) A. C. Flick *et al., Bioorg. Med. Chem.* **2016**, *24*, 1937-1980.

97. El belinostat (A) es un fármaco utilizado en el tratamiento de neoplasias hematológicas. Diseña una síntesis de belinostat (A) a partir del ácido bencenosulfónico (SM) y cualquier otro material de partida necesario.

Al comparar la estructura de la molécula objetivo A con la del material de partida SM observamos que se trata de transformar el ácido sulfónico del material de partida en una sulfonamida y además introducir en posición *meta* del anillo bencénico una cadena hidrocarbonada insaturada de tres átomos de carbono con un ácido hidroxámico en el extremo de dicha cadena.

El análisis retrosintético se inicia con una interconversión de grupo funcional (IGF) de ácido hidroxámico presente en la molécula objetivo A a ácido carboxílico B. La cadena de ácido propenoico unida a un anillo bencénico típicamente se introduce mediante una reacción de Heck[1] de un bromuro arílico con acrilato de etilo. Por lo tanto, en B hacemos una nueva IGF al correspondiente éster C, en el cual hacemos la desconexión (a) de tipo C-C asociada a la reacción de Heck y que nos conduce al bromuro D y acrilato de etilo (E). En el compuesto D, hacemos una IGF de sulfonamida a cloruro de sulfonilo F y de este al correspondiente ácido *meta*-bromobencenosulfónico (G). Finalmente, hacemos una desconexión (b) de tipo C-Br vinculada a la reacción de bromación del ácido bencenosulfónico (SM) de partida.

Se ha descrito una secuencia sintética[2] que se corresponde con el análisis retrosintético anterior: El tratamiento del ácido bencenosulfónico (SM) con Br_2 da lugar al compuesto G mediante una reacción de sustitución aromática electrofílica. Este ácido sulfónico G, se hace reaccionar con cloruro de tionilo, obteniendo el cloruro de sulfonilo F, que posteriormente permite obtener la sulfonamida D al tratar F con anilina en medio básico. A partir del compuesto D se lleva a cabo la reacción de Heck utilizando acrilato de etilo (E) y un catalizador de paladio y trietilamina obteniéndose el compuesto C. La posterior hidrólisis del éster etílico C da lugar al ácido conjugado B. Finalmente, a partir de este compuesto (B) se lleva a cabo la formación del cloruro de ácido por reacción con cloruro de tionilo y posterior reacción con hidroxilamina con lo que se obtiene la molécula objetivo A.

Bibliografía.

1) J. Clayden, N. Greeves, S. Warren, *Organic Chemistry*, 2nd Edition, Oxford University Press, Oxford, **2012**, pág. 1079.

2) A. C. Flick, *et. al., Bioorg. Med. Chem.* **2016**, *24*, 1937-1980.

98. La 7-(metoximetill)biciclo[2.2.1]hept-5-en-2-ona (A) es un intermedio sintético importante en la síntesis original de prostaglandinas de Corey. Diseña una síntesis del compuesto A a partir de ciclopentadieno y cualquier otro material de partida necesario.

y cualquier otro material de partida necesario

La agrupación biciclo[2.2.1]heptano presente en la molécula objetivo es muy significativa y su síntesis se suele llevar a cabo mediante una reacción de cicloadición [4+2] de Diels-Alder en la que participa el ciclopentadieno.[1] Así pues, el análisis retrosintético se inicia con una doble desconexión (a) de tipo C-C vinculada a la cicloadición [4+2] que nos conduce al ciclopentadieno sustituido B y a la cetena (C) que actúa como dienófilo. A partir de B llevamos a cabo una desconexión (b) de tipo C-C vinculada a la reacción de alquilación en C5 del ciclopentadieno (SM) utilizando como alquilante clorometil metil éter (D).

Así pues, la ruta sintética es la siguiente:[2] el primer paso es una reacción de alquilación de ciclopentadienilsodio, obtenido mediante desprotonación del ciclopentadieno (SM) utilizando NaH. El carbanión generado, estabilizado por su carácter aromático, se hace reaccionar con clorometil metil éter (D) como agente alquilante para obtener el intermedio B. Este compuesto debe mantenerse a 0 °C para evitar la transposición de hidruro 1,5, que daría el isómero más estable, y en estas condiciones se somete a la reacción de Diels-Alder con 2-cloroacrilonitrilo (E) como dienófilo y requiriendo el uso de un ácido de Lewis como catalizador. Es necesaria la utilización del 2-cloroacrilonitrilo (E) como un equivalente sintético de la cetena,[1] ya que la alta reactividad de la cetena ocasiona problemas de dimerización, formando ciclobutanona por una cicloadición [2+2]. Así pues, el compuesto B se hizo reaccionar con 2-cloroacrilonitrilo (E) en frío y en presencia de $Cu(BF_4)_2$, para obtener el aducto de Diels-Alder F. El grupo carbonilo presente en A se generó utilizando una disolución acuosa de KOH en dimetilsulfóxido.

Bibliografía.

1) J. Clayden, N. Greeves, S. Warren, *Organic Chemistry*, 2nd Edition, Oxford University Press, Oxford, **2012**, pág. 877 (reacción de Diels-Alder) y 899 (equivalentes sintéticos de cetena).

2) E. J. Corey, N. M.Weinshenker, T. K.Schaaf, W.Huber, *J. Am. Chem. Soc.* **1969**, *91*, 5675–5677.

99. El grandisol (A) es el componente principal de la feromona sexual del gorgojo del algodón (*Anthonomus grandis*). Diseña una síntesis de (A) a partir de ciclobut-1-eno-1-carboxilato de metilo (SM).

En la molécula objetivo A podemos observar una cadena de hidroxietilo en la que podemos llevar a cabo una interconversión de grupo funcional al éster B, con la finalidad de continuar el análisis retrosintético hacia el éster C vinculando dicha etapa a una homologación (introducción de un metileno) de dicho éster C. Al comparar la estructura de C con la del material de partida SM observamos dos diferencias importantes: la presencia de un grupo metilo en la posición α y la de un grupo isopropenilo en posición β respecto al grupo éster. Estas características facilitan las desconexiones siguientes: A partir de C hacemos una desconexión (a) de tipo 1,2 C-C, vinculada a la alquilación en α del enolato de un éster,[1] llegando a D, en el cual hacemos una desconexión (b) de tipo 1,3 C-C vinculada a una reacción de adición conjugada al éster α,β-insaturado[1] presente en el material de partida SM, utilizando un reactivo organometálico.

La secuencia sintética que se corresponde con el análisis retrosintético anterior es la siguiente: En primer lugar, se realiza la adición conjugada del bromuro de isopropenilmagnesio en presencia de sales de Cu(I) al éster metílico insaturado SM, obteniendo el producto D. Seguidamente, se lleva a cabo la metilación en posición α al éster mediante la formación del enolato de litio con LDA y el uso de yoduro de metilo como alquilante. El grupo metilo se introduce por la cara opuesta al grupo isopropenilo, generando el compuesto C como diastereoisómero mayoritario.

Posteriormente, se introduce un carbono adicional en la cadena del éster metílico mediante la reacción de homologación de Arndt-Eistert.[1] Esta transformación incluye la conversión del éster en una diazocetona E, a través de su transformación previa en cloruro de ácido y la posterior reacción con diazometano. La diazocetona, en presencia de una sal de plata, experimenta una reorganización de Wolff[1] que implica la formación de un carbeno, dando lugar al compuesto B. Finalmente, el éster se reduce con hidruro de aluminio y litio para obtener el alcohol deseado, A. El aislamiento y la síntesis del grandisol (A) se describió por primera vez en 1969.[2]

Bibliografía.

1) J. Clayden, N. Greeves, S. Warren, *Organic Chemistry*, 2nd Edition, Oxford University Press, Oxford, **2012**, pág. 508-510 (adición conjugada), 587-590 (alquilación de enolatos) y 1081 (homologación de Arndt-Eistert y transposición de Wolff).

2) J. H. Tumlinson *et al.*, *Science* **1969**, *166*, 1010-1012.

100. La cibenzolina es un fármaco utilizado en terapias anti-arritmias. Diseña una síntesis del compuesto A análogo a la cibenzolina a partir de benzofenona (SM) y cualquier otro material de partida acíclico que se necesite.

Cibenzolina   A   SM   y cualquier otro material de partida necesario

La molécula objetivo A presenta dos subestructuras muy significativas, el anillo de tetrazol y el de ciclopropano. La síntesis del anillo de tetrazol se suele llevar a cabo a partir de un nitrilo y el ion azida[1] y la del ciclopropano mediante una reacción de ciclopropanación[2] a partir de un doble enlace carbono-carbono. Por lo tanto, el análisis retrosintético se debe encaminar, en primer lugar, a reemplazar el anillo de tetrazol por un grupo ciano, compuesto B. A continuación, el anillo de ciclopropano lo reemplazamos por un doble enlace, compuesto C. Finalmente en este compuesto, un nitrilo α,β-insaturado, podemos hacer una desconexión tipo 1,3-diO vinculada a una reacción de condensación tipo aldólico entre la benzofenona (SM) y el acetonitrilo.

A   B   C   SM

Así pues, la secuencia sintética es la siguiente:[3] En primer lugar, sobre la benzofenona (SM) se lleva a cabo la adición del organolítico formado por la desprotonación de acetonitrilo con *n*-butil-litio obteniendo el producto D. A continuación, el alcohol terciario D se somete a una deshidratación con cloruro de tionilo en piridina obteniéndose el alqueno C.

SM   D   C

Alternativamente, el compuesto C se puede preparar mediante una reacción de Knoevenagel[2] de la benzofenona por tratamiento con cianoacetato de etilo en ácido acético/ piperidina obteniéndose E y posterior descarboxilación de este compuesto en las condiciones de Krapcho.[2]

Una vez obtenido el nitrilo insaturado C se lleva a cabo la síntesis del compuesto ciclopropánico B empleando para ello un iluro de sulfoxonio. Por último, este compuesto B se trata con azida sódica con el fin de obtener el anillo de tetrazol dando lugar al compuesto A.

Bibliografía.

1) J. A. Joule, K. Mills, *Heterocyclic Chemistry*, Fifth Edition, John Wiley and Sons, Chichester UK, **2010**, pág. 567.

2) J. Clayden, N. Greeves, S. Warren, *Organic Chemistry*, 2nd Edition, Oxford University Press, Oxford, **2012**, pág. 667 (ciclopropanación), 629-630 (reacción de Knoevenagel) y 597-598 (descarboxilación de Krapcho).

3) A. R. Gholap, V. Paul, K. V. Srinivasan, *Synth. Commun.* **2008**, *38*, 2967-2982.

101. El (*E*)-5-(3,5-dihidroxistiril)-2-metoxibenceno-1,3-diol (A) es un estilbeno natural con propiedades antioxidantes aislado de *Phoenix dactilifera*. Diseña una síntesis del compuesto (A) a partir de cualquier ácido benzoico sustituido (C_7 máximo).

La presencia en la molécula objetivo A de un doble enlace C=C permite pensar en una desconexión de tipo C=C vinculada a una reacción de Wittig.[1] No obstante, teniendo en cuenta la presencia en la molécula objetivo de cuatro grupos hidroxilo, conviene llevar a cabo la secuencia sintética con estos grupos hidroxilo protegidos.[1] Así, el primer paso del análisis retrosintético, último en la secuencia sintética debe corresponder a la desprotección de estos grupos. A continuación, hacemos la desconexión (a) de tipo C=C vinculada a una reacción de Wittig lo cual nos conduce a la sal de fosfonio C y al aldehído D.

Con dos desconexiones consecutivas C-P y C-Cl, como es usual, la sal de fosfonio nos conduce al alcohol primario F. Sobre este hacemos una interconversión de grupo funcional al éster G, el cual debe proceder de la protección de los grupos hidroxilo presentes en H. Finalmente una desconexión (d) de tipo C-O (éster) nos conducirá al ácido 3,5-dihidroxibenzoico (SM_1).

Por otra parte, al aldehído D le aplicamos una interconversión de grupo funcional al éster I, el cual debe proceder de la protección de los grupos hidroxilo presentes en el compuesto J. Una desconexión (e) de tipo C-O (éter), vinculada a una síntesis de Williamson del hidroxilo fenólico más ácido, nos conducirá a K. Finalmente una desconexión (f) de tipo C-O (éster) nos conducirá al ácido 3,4,5-trihidroxibenzoico (SM$_2$)

La secuencia sintética[2] requiere la preparación de la sal de fosfonio C y el aldehído D con la sustitución adecuada. En ambas mitades los grupos hidroxilo fenólicos han sido protegidos como *terc*-butildimetilsililéteres. Así, la primera etapa en la preparación de la sal de fosfonio C fue la protección de los grupos hidroxilo del 3,5-dihidroxibenzoato de metilo (H) la cual fue llevada a cabo por reacción con el cloruro de *terc*-butildimetilsililo en DMF/imidazol obteniéndose G. El grupo éster fue reducido con hidruro de aluminio y litio en éter anhidro y el alcohol primario resultante F fue tratado con trifenilfosfina/tetracloruro de carbono lo que condujo a la sustitución del grupo hidroxilo por un átomo de cloro (reacción de Appel)[3] obteniéndose el cloruro E. Finalmente, la sal de fosfonio C fue preparada por calentamiento de una mezcla del cloruro E y trifenilfosfina en xileno a reflujo.

El aldehído D se preparó a partir del 3,4,5-trihidroxibenzoato de metilo (K) en una secuencia de cuatro etapas. La primera fue la metilación parcial de K. Es conocido que un grupo electrón-atrayente en un anillo aromático aumenta la acidez de los grupos fenólicos situados en las posiciones orto- y para-. Así, con un sistema sulfato de dimetilo (1,2 equiv.) /carbonato de potasio (1,5 equiv.) /acetona a temperatura ambiente durante 8 horas se obtiene el producto de monometilación J con un rendimiento del 50%. La segunda etapa fue la protección de los grupos hidroxilo presentes en J, la cual se llevó a cabo de la misma manera que la protección de los grupos hidroxilo de H. La siguiente etapa fue la reducción del éster con hidruro de litio y aluminio en éter obteniéndose el alcohol primario correspondiente, el cual fue oxidado al aldehído D con dicromato de piridinio en diclorometano.

La reacción de Wittig se llevó a cabo entre el fosforano generado a partir de la sal de fosfonio C y el aldehído D proporcionando una mezcla (aprox. 3:1 determinado por CGL) de trans- y cis-estilbenos protegidos B. La desprotección de los sililéteres se llevó a cabo con HF/acetonitrilo obteniéndose los estilbenos naturales A con buenos rendimientos.

Bibliografía.

1) J. Clayden, N. Greeves, S. Warren, *Organic Chemistry*, 2nd Edition, Oxford University Press, Oxford, **2012**, pág. 689-693 (reacción de Wittig), 548-560 (protección de grupos funcionales) y 340 (síntesis de Williamson).

2) L. Cardona, I. Fernández, B. García, J. R. Pedro *Tetrahedron* **1986**, *42*, 2725-2730.

3) F. A. Carey, R. J. Sundberg, *Advanced Organic Chemistry*, Part B, 5th Edition, Springer, New York, **2007**, pág. 220 (reacción de Appel).

102. El dieno A es un intermedio en la síntesis de barekol un diterpeno aislado de la esponja _Raspailia sp_. Diseña una síntesis del dieno A a partir de la lactona denominada escalerólido (SM).

La comparación de las estructuras hidrocarbonadas de la molécula objetivo A y del material de partida (SM) son idénticas. Por lo tanto, la síntesis se limitará a modificaciones en los grupos funcionales. Se inicia el análisis retrosintético con una adición al sistema diénico presente en A de dos grupos hidroxilo en las posiciones terminales, producto B, ya que, por una parte, estos grupos hidroxilo por deshidratación directa o indirecta se transformarán en el sistema diénico y, por otra parte, estos dos grupos hidroxilo por interconversión de grupo funcional (IGF) nos conducirán a la lactona de partida SM. Esta IGF está asociada a la reducción de la lactona.

Así, se ha descrito una secuencia sintética[1] que se corresponde con el análisis anterior: El tratamiento de la lactona SM con LiAlH₄ en THF da lugar al diol B. Este diol B, se hace reaccionar, en las condiciones de Appel,[2] con iodo molecular en presencia de trifenilfosfina, provocando, de manera simultánea, la transformación del alcohol primario en el yoduro correspondiente y la deshidratación regioselectiva del alcohol terciario dando el doble enlace más sustituido (compuesto C). Finalmente, la eliminación (E2) del ioduro primario en presencia de una base fuerte como el ^{t}BuOK rinde la molécula objetivo A.

Bibliografía.

1) Y. Lian, _et al., J. Am. Chem. Soc._ **2010**, _132_, 12422-12428.

2) F. A. Carey, R. J. Sundberg, _Advanced Organic Chemistry_, Part B, 5th Edition, Springer, New York, **2007**, pág. 220.

103. El benvitimod (A) es un estilbeno natural cuya utilización ha sido aprobada en China para el tratamiento de la psoriasis. Diseña una síntesis de benvitimod (A) a partir del ácido 3,5-dimetoxibenzoico (SM) y cualquier otro material de partida necesario (C_7 máximo).

y cualquier otro material de partida necesario (C_7 máx.)

La presencia en la molécula objetivo A de un doble enlace C=C permite pensar en una desconexión de tipo C=C vinculada a una reacción de Wittig.[1] No obstante, teniendo en cuenta que en la molécula objetivo los grupos hidroxilo se encuentran libres mientras que en el material de partida se encuentran como grupos metoxilo, en el análisis retrosintético conviene hacer en primer lugar la transformación asociada a una reacción de desmetilación de un éter metilarílico. A continuación, en el estilbeno B hacemos la desconexión (a) de tipo C=C vinculada a una reacción de Wittig (o alguna de sus variantes) lo cual nos conduce al benzaldehído (C) y al fosfonato D.

Con dos desconexiones consecutivas C-P y C-Cl, como es usual, el fosfonato nos conduce al alcohol primario F. Sobre este hacemos una interconversión de grupo funcional al ácido G y finalmente una desconexión C-C implicando un anillo aromático, vinculada a una alquilación de Friedel-Crafts,[1] nos conduce al ácido 3,5-dimetoxibenzoico (SM).

Así pues, la secuencia sintética derivada del anterior análisis es la siguiente:[2,3] El ácido 3,5-dimetoxibenzoico (SM) se somete a una reacción de alquilación de Friedel-Crafts con isopropanol en presencia de ácido sulfúrico, proporcionando el compuesto G. Este se reduce al alcohol bencílico F utilizando KBH_4 y $BF_3 \cdot Et_2O$ en THF. F se trata con cloruro de tionilo en DMF para obtener el cloruro bencílico E que, por condensación con fosfito de trietilo (reacción de Arbuzov), conduce al fosfonato D. La reacción de Wittig-Horner entre D y benzaldehído (C) en presencia de *terc*-butóxido de potasio genera el estilbeno B. La estereoquímica de esta reacción conduce al doble enlace *trans*. Por último, la desmetilación de los éteres metilarílicos de B con hidrocloruro de piridina y su posterior cristalización en tolueno da lugar al compuesto objetivo, benvitimod (A).

Bibliografía.

1) J. Clayden, N. Greeves, S. Warren, *Organic Chemistry*, 2nd Edition, Oxford University Press, Oxford, **2012**, pág. 689-693 (reacción de Wittig) y 477-478 (alquilación de Friedel-Crafts).

2) C. Flick, *et al. J. Med. Chem.* **2021**, *64*, 3604-3657.

3) J. Gao, *et al. Adv. Mater. Res.* **2011**, *236-238*, 2378-2382.

104. El barekol (A) es un diterpeno aislado de la esponja *Raspailia sp*. Diseña una síntesis del barekol (A) a partir de la cetona α,β-insaturada SM que se indica a continuación.

A   SM

Las estructuras hidrocarbonadas del barekol (A) y del material de partida SM son idénticas. Por lo tanto, el análisis retrosintético es inmediato. Una interconversión de grupo funcional del alcohol secundario presente en A nos conduce a la cetona de partida SM, vinculada a una reducción 1,2- del grupo carbonilo α,β-insaturado.

A   SM

Sin embargo, al llevar a cabo dicha reducción, debido al impedimento estérico producido por la presencia de los metilos angulares en los carbonos 8 y 10 del esqueleto hidrocarbonado, el ataque del reductor sobre el grupo carbonilo se produce desde la cara α con lo que el hidroxilo resultante queda situado en la cara β, es decir se obtiene un compuesto C, epímero del barekol (A). Se podría pensar en invertir la configuración del compuesto C utilizando la reacción de Mitsunobu,[1] utilizando trifenilfosfina y azodicarboxilato de dietilo (DEAD) para activar el grupo hidroxilo y ácido benzoico como nucleófilo tratando de obtener el compuesto D, cuya hidrólisis básica nos conduciría al Barekol.

SM   C   D

No obstante, muy posiblemente la transformación del alcohol C en el benzoato D no tenga lugar o transcurra con muy bajo rendimiento debido precisamente a la presencia de los metilos angulares, los cuales impedirían la aproximación del intermedio muy voluminoso formado entre la trifenilfosfina y el azodicarboxilato de dietilo al grupo hidroxilo del compuesto C, cuya formación es necesaria para facilitar el ataque nucleofílico del ácido benzoico.

De hecho, se ha descrito[2] la epimerización de C a barekol (A) utilizando un método indirecto en el que una función oxigenada (un epóxido) precursora del hidroxilo se introduce por la cara α. Así pues, la secuencia sintética es la siguiente: en primer lugar, se realiza la reducción diastereoselectiva de la enona, lo que conduce al alcohol alílico C, que es un epímero de barekol (A). Seguidamente, la desoxigenación de C junto con la isomerización del doble enlace da lugar al alqueno E. Posteriormente, la epoxidación diastereoselectiva de este alqueno utilizando ácido meta-cloroperbenzoico permite obtener el compuesto F. Finalmente, el tratamiento ácido de F con ácido perclórico provoca la isomerización del epóxido a alcohol alílico, generando así barekol (A).

Bibliografía.

1) J. Clayden, N. Greeves, S. Warren, *Organic Chemistry*, 2nd Edition, Oxford University Press, Oxford, **2012**, pág. 349-351.

2) Y. Lian, *et.al.*, *J. Am. Chem. Soc.* **2010**, *132*, 12422-12425.

105. Diseña una síntesis de 2,2,3-hidroximetil-7-oxabiciclo[2.2.1]heptano (A) a partir de malonato de metilo (SM) y cualquier otro material de partida necesario (C₄ máximo).

Malonato de metilo (SM) y cualquier otro material de partida necesario (C₄ máx.)

La agrupación 7-oxabiciclo[2.2.1]heptano presente en la molécula objetivo es muy significativa y su síntesis se suele llevar a cabo mediante una reacción de Diels-Alder en la que participa el furano como dieno.[1] Así pues, las primeras etapas del análisis retrosintético deberán ir encaminadas a situar sobre la molécula objetivo aquellas características estructurales propias del dienofilo y del dieno. En concreto, la primera etapa consistirá en una interconversión de grupo funcional de los hidroxilos primarios en ácidos carboxílicos y dada la posición relativa 1,4- de los mismos en el correspondiente anhídrido B. Una posterior adición de grupo funcional, en concreto de un doble enlace formando parte de un ciclohexeno, característico de los aductos de Diels-Alder, nos conducirá al compuesto C. Sobre este compuesto se lleva a cabo la desconexión (a) correspondiente a la cicloadición [4+2] que nos conduce al furano (D) como dieno y al alcohol primario E, o su equivalente sintético el éster F que actuará como dienófilo.

El análisis retrosintético de F continuará con una interconversión de grupo funcional al triéster G, sobre el cual se llevará a cabo una desconexión (b) del tipo 1,3-diO vinculada a una condensación de tipo aldólico que nos conduciría al malonato de metilo (SM) y al glioxilato de metilo (H).[1]

Así pues, la ruta sintética es la siguiente:[2] El tratamiento del malonato de dimetilo (SM) con glioxilato de metilo (H) en agua a alta temperatura conduce al triéster G. El compuesto G se hace reaccionar con pentóxido de fósforo dando lugar al anhídrido F. El compuesto F puede actuar como dienófilo en una reacción de Diels-Alder con el furano (D) que actuará como dieno. El producto de Diels-Alder obtenido I, se trata del producto *exo* que es el termodinámicamente más estable. En esta reacción de Diels-Alder se producirá en primer lugar el producto *endo* (producto cinético), pero la reacción de retro-Diels-Alder se puede producir a más baja temperatura y por tanto, en este caso tenemos un control termodinámico en la reacción [4+2] debido a que el furano es relativamente estable. La posterior hidrogenación del doble enlace C=C presente en el compuesto C utilizando Pd/C como catalizador conduce al compuesto J. Finalmente, el tratamiento del compuesto J con hidruro de litio y aluminio en un disolvente de tipo éter producirá la reducción tanto del grupo éster como del anhídrido de ácido carboxílico, y rendirá la molécula objetivo A.

Bibliografía.

1) J. Clayden, N. Greeves, S. Warren, *Organic Chemistry*, 2nd Edition, Oxford University Press, Oxford, **2012**, pág. 884 (reacción de Diels-Alder con furano como dieno) y 629-630 (reacciones de condensación aldólica cruzada).

2) D. B. Rydberg, J. Meinwald, *Tetrahedron Lett.* **1996**, *37*, 1129-1132

106. Los compuestos con estructura de 2-oxabiciclo[2.2.2]octano son importantes intermedios en la síntesis de distintos productos naturales. Diseña una síntesis del compuesto A, a partir de furfural (SM).

La molécula objetivo presenta una estructura de biciclo[2.2.2]octano muy significativa y su síntesis se suele llevar a cabo mediante una reacción de Diels-Alder.[1] Por lo tanto, el análisis retrosintético se debe encaminar, en primer lugar, a situar un doble enlace en el anillo de seis miembros, característico de los aductos de Diels-Alder. Así, mediante una interconversión de grupo funcional podemos transformar el grupo carbonilo de cetona presente en A en el correspondiente sililenoléter, lo cual nos conducirá al compuesto B. Sobre este compuesto se lleva a cabo la desconexión (a) correspondiente a la cicloadición [4+2] que nos conduce al dieno C y al acrilato de metilo (D) que actuará como dienófilo. A partir de C hacemos dos interconversiones de grupo funcional, el sililenoléter lo transformamos de nuevo en grupo carbonilo E y la lactona la transformamos en lactol, llegando al compuesto F, en el que se puede observar una funcionalización 1,4-diCO característica del producto de oxidación de un furilalcohol, tal como G (reacción de Achmatowicz).[2] La presencia en G de una agrupación β-hidroxicarbonílica nos permite hacer una desconexión (b), del tipo 1,3-diO vinculada a una reacción de tipo aldólico entre el furfural (SM) y el acetato de metilo (H).[1]

Así pues, la secuencia sintética[3] se puede iniciar con la adición del enolato de litio del acetato de metilo (H), generado con LDA, al furfural (SM). El β-hidroxiéster G se convierte en el correspondiente lactol F mediante un proceso oxidativo utilizando *N*-bromosuccinimida. Este lactol F sin purificar se somete a una oxidación de Jones para dar el compuesto 1,4-dicarbonílico E. El dieno necesario para la reacción de Diels-Alder se prepara en el siguiente paso generando el sililenoléter con TBSCl e imidazol como base en DMF. El grupo de Lee[3] demostró que la reacción de Diels-Alder entre C y acrilato de metilo como dienófilo proporcionaba excelentes estereoselectividades utilizando el etearato de trifluoruro de boro como ácido de Lewis. Bajo estas condiciones de reacción, el intermedio de tipo sililenoléter B no se observó, obteniéndose directamente el compuesto A.

endo:exo, 12:1

Bibliografía.

1) J. Clayden, N. Greeves, S. Warren, *Organic Chemistry*, 2nd Edition, Oxford University Press, Oxford, **2012**, pág. 877-893 (reacción de Diel-Alder) y 629-630 (reacciones de condensación aldólica cruzada).

2) J. A. Joule, K. Mills, *Heterocyclic Chemistry*, Fifth Edition, John Wiley and Sons, Chichester UK, **2010**, pág. 351

3) W. Wu, S. He, X. Zhou, C.-S. Lee, *Eur. J. Org. Chem.* **2010**, 1124-1133.

107. El compuesto A es un intermedio importante en la síntesis de palmerólido A, un producto natural marino aislado de *Synoicum adareanum*. Diseña una síntesis del compuesto A a partir de furfural (SM).

A ⟹ SM

La presencia en la molécula objetivo de dos grupos carbonilo en posiciones relativas 1,4- nos ofrece la posibilidad de una reconexión a un anillo de furano.[1] Así pues, en la molécula objetivo A hacemos una interconversión del grupo ácido carboxílico a aldehído llegando a B, sobre el cual hacemos la reconexión 1,4-diCO que nos conduce a C. El compuesto C procederá lógicamente, por protección del grupo hidroxilo de D. En este compuesto D haremos una desconexión (a) de tipo 1,2 C-C, viculada a una adición del reactivo de Grignard E al material de partida (SM).

Así pues, la secuencia sintética completa es la siguiente:[2] Inicialmente, se lleva a cabo la síntesis racémica del furil alcohol D mediante la adición del reactivo de Grignard E sobre el 2-furfural (SM). La mezcla racémica obtenida se somete a una resolución cinética de tipo Sharpless[3] utilizando (D)-tartrato de diisopropilo, (D)-DIPT, con hidroperóxido de *terc*-butilo en presencia de isopropóxido de titanio, obteniéndose así el alcohol furílico enantioméricamente puro D. Este se protege con cloruro de *terc*-butildimetilsililo para dar lugar al silil éter C.

La reacción con *N*-bromosuccinimida en presencia de una mezcla de furano/piridina y acetona/agua en medio básico conduce a la apertura del furano, que genera el compuesto 1,4-dicarbonílico B.[1] La agrupación aldehído se oxida a ácido carboxílico en condiciones de oxidación de Pinnick[4] con hipoclorito de sodio dando lugar al compuesto objetivo A.

También se ha descrito la síntesis del alcohol D, enantioméricamente puro, a partir del ácido furoico (F).[5] Este se transforma en la correspondiente amida de Weinreb G con hidrocloruro de *N,O*-dimetilhidroxilamina[6] en presencia del anhídrido propilfosfónico cíclico (T3P) y trietilamina. La amida de Weinreb G reacciona con el reactivo de Grignard E para dar lugar a la cetona H, que se reduce bajo condiciones de CBS (Corey-Bakshi-Shibata) produciendo el alcohol D.[6]

Bibliografía.

1) J. A. Joule, K. Mills, *Heterocyclic Chemistry*, Fifth Edition, John Wiley and Sons, Chichester UK, **2010**, pág. 351

2) K. R. Prasad, A. B. Pawar, *Org. Lett.* **2011**, *13*, 4252–4255

3) M. Kusakabe, Y. Kitano, Y. Kobayashi, F. Sato, *J. Org. Chem.,* **1989**, *54*, 2085-2091.

4) M. B. Smith, J. March, *March's Advanced Organic Chemistry*, 6th Edition, John Wiley and Sons, Hoboken, New Jersey, **2007**, pág. 1770.

5) S. R. Jammula, *et al., Tetrahedron Letters* **2016**, *57*, 3924–3928.

6) J. Clayden, N. Greeves, S. Warren, *Organic Chemistry*, 2nd Edition, Oxford University Press, Oxford, **2012**, pág 219 (amidas de Weinreb) y 1114-1115 (reducción de Corey-Bakshi-Shibata).

108. El componente mayoritario de la feromona sexual de *Xylotrechus quadripes*, escarabajo del café, presenta la estructura de (S)-2-hidroxi-3-decanona (A). Diseña una síntesis de dicha feromona a partir de (S)-lactato de etilo (SM) y cualquier otro material de partida necesario.

Al comparar la estructura de la molécula objetivo (A) con la del material de partida (SM) observamos que se trata de incorporar una cadena alifática de 7 átomos de carbono al grupo carbonilo del éster de partida. Por lo tanto, el análisis retrosintético se inicia con una desconexión (a) de tipo 1,1 C-C vinculada a una reacción de adición de un reactivo organometálico a un derivado de ácido. Sin embargo, se tiene que elegir adecuadamente ambos reactivos para que la reacción se detenga en la etapa de cetona sin que se produzca una segunda adición que conduciría a un alcohol terciario. Así, se puede vincular la desconexión (a) a la reacción entre un carboxilato de litio B y un reactivo organolítico C.[1] A partir del carboxilato de litio B mediante una interconversión de grupo funcional llegaríamos al material de partida SM asociada a la saponificación del grupo éster.

Dada la incompatibilidad del grupo hidroxilo presente en el carboxilato de litio B con un reactivo organolítico, es necesario, con carácter previo, proteger dicho grupo hidroxilo.[1]

Se ha descrito una secuencia sintética[2] que se corresponde con el análisis retrosintético anterior: En primer lugar, se protege el grupo hidroxilo del lactato de etilo (SM) en forma de éter de tetrahidropiranilo, mediante reacción con dihidropirano (D) en medio ácido.

A continuación, se lleva a cabo la formación del carboxilato de litio F y la posterior reacción con el organolítico C obteniendo así la cetona G. Por último, la desprotección del alcohol en presencia de p-toluenosulfonato de piridinio (PPTS) da lugar a (S)-2-hidroxi-3-decanona (A).

En general, no es aconsejable la utilización de los éteres de tetrahidropiranilo como protector del grupo hidroxilo en moléculas quirales ya que en su formación se genera un nuevo carbono estereogénico con la consiguiente obtención de mezclas de diastereoisómeros. En su lugar resulta más conveniente la utilización de éteres de *terc*-butildimetilsililo.

Incluso, si el reactivo organolítico no es muy costoso se puede llevar a cabo la reacción de adición sin necesidad de proteger el grupo hidroxilo, utilizando un equivalente adicional del reactivo organolítico.

Bibliografía.

1) J. Clayden, N. Greeves, S. Warren, *Organic Chemistry*, 2nd Edition, Oxford University Press, Oxford, **2012**, pág. 218-220 (reactivos organometálicos) y 549-560 (protección de grupos funcionales).
2) D. R. Hall, *et al.*, *J. Chem. Ecol.* **2006**, *32*, 195-219.

109. El compuesto A tiene una fuerte actividad β-bloqueante. Diseña una síntesis del intermedio B a partir de cualquier compuesto monocíclico.

La presencia en la molécula objetivo de una lactama nos indica la posición de la primera desconexión (a) de tipo C-N (amida) que nos conduce al aminoácido C. En este compuesto C podríamos hacer una desconexión (b) de tipo C-C en la que participa un átomo de carbono de anillo aromático, que se vincularía a una alquilación de Friedel-Crafts, y que nos llevaría al 3-aminofenol (D) y ácido acrílico (E). Sin embargo, esta reacción de Fridel-Crafts no conduciría al isómero deseado, debido al impedimento estérico que presenta la posición que debería reaccionar, flanqueada por los grupos hidroxilo y amino.

Esta complicación se suele resolver utilizando una serie de interconversiones de grupo funcional: hidrogenación de D a F, tautomerización del enol presente en F a grupo carbonilo en G, y finalmente conversión de la enamina presente en G a grupo carbonilo, lo cual nos conduce a la 1,3-ciclohexanodiona como material de partida (SM)

Así pues, la secuencia sintética es la siguiente:[1] En primer lugar, el tratamiento de 1,3-ciclohexanodiona (SM) con amoníaco genera la enamina G. A continuación, la reacción de G con ácido acrílico da lugar al producto H resultante de la C-alquilación de la enamina[2] y lactamización del aminoácido resultante. Finalmente, la deshidrogenación catalizada por paladio sobre carbono produce la molécula objetivo B, una reacción favorecida por la generación de aromaticidad en el producto final.

Bibliografía.

1) T. Shono, Y. Matsumura, S. Kashimura *J. Org. Chem.* **1981**, *46*, 3719-3721.

2) F. A. Carey, R. J. Sundberg, *Advanced Organic Chemistry*, Part B, 5th Edition, Springer, New York, **2007**, pág. 46-48 y 193 (alquilación de enaminas).

110. Síntesis del (+)-disparlure (A), feromona sexual de la polilla (*Lymantria dispar*) a partir de cualquier material de partida (C$_{13}$ máximo).

(+)-Disparlure (A)

La presencia en la parte central de la molécula objetivo A de un epóxido nos ofrece la posibilidad de desconectar la molécula en dos fragmentos. Ahora bien, dado que se pretende sintetizar el compuesto A en forma enantioméricamente pura la formación del epóxido se deberá llevar a cabo utilizando un método de epoxidación asimétrica y lo más lógico será pensar en una reacción de epoxidación de Sharpless de alcoholes alílicos.[1,2] Así el primer paso del análisis retrosintético será la adición de un doble enlace en la cadena hidrocarbonada superior que nos conducirá al compuesto B, sobre el cual haremos una desconexión C=C, asociada a una reacción de Wittig[2] entre el fosforano C y el aldehído-epóxido D. El fosforano C se sintetizará de la forma usual a partir del correspondiente haluro o alcohol. Por su parte en el aldehído-epóxido D haremos una interconversión de grupo funcional a alcohol-epóxido F. Finalmente una nueva IGF nos conducirá al alcohol alílico G vinculada a la epoxidación de Sharpless.

Así pues, la secuencia sintética es la siguiente:[3] Inicialmente se lleva a cabo la epoxidación asimétrica de Sharpless del alcohol alílico G con peróxido de *terc*-butilo en presencia de isopróxido de titanio y D-(-)-tartrato de dietilo (DET). El epoxi alcohol quiral F obtenido se oxida con dicromato de piridinio para generar el aldehído D. Este reacciona con el iluro de fósforo C (previamente formado a partir de la sal de fosfonio resultante de la reacción entre el bromuro de alquilo E y trifenilfosfina), mediante una reacción de Wittig obteniéndose el alqueno *trans* B. Finalmente, el alqueno se somete a una hidrogenación catalítica con paladio sobre carbono conduciendo a la molécula objetivo (+)-disparlure (A).

Lógicamente, también sería posible plantear un segundo análisis retrosintético que se iniciaría con la adición de un doble enlace en la cadena hidrocarbonada inferior y que nos conduciría al compuesto H. A partir de este compuesto y siguiendo un análisis retrosintético análogo al anterior se llegaría al bromuro I y al alcohol alílico J.

EJERCICIO. Diseña una síntesis del alcohol alílico G.

Bibliografía.

1) T. Katsuki, K. B. Sharpless, *J. Am. Chem. Soc.* **1980**, *102*, 5974–5978.

2) J. Clayden, N. Greeves, S. Warren, *Organic Chemistry*, 2nd Edition, Oxford University Press, Oxford, **2012**, pág. 1121 (reacción de epoxidación de Sharpless) y 689-693 (reacción de Wittig).

3) K. Mori, T. Ebata, *Tetrahedron* **1986**, *42*, 3471–3478.

111. La pynegabina (A) es un candidato a medicamento para tratar la epilepsia. Diseña una síntesis de pynegabina (A) a partir de 4-bromo-2,6-dimetilanilina (SM) y cualquier otro material de partida necesario.

La presencia en la molécula objetivo (A) de la amina terciaria permite realizar dos desconexiones C-N en posiciones contiguas al átomo de nitrógeno. La primera es una desconexión (a) del tipo C-N que nos conduce a la amina secundaria B y al bromuro de propargilo (C) y que está vinculada a una reacción de sustitución nucleofílica. La segunda desconexión (b) también de tipo C-N se podría vincular a una reacción de aminación catalizada por paladio de un haluro aromático E utilizando la *para*-fluorobencilamina (D) (Reacción de Buchwald-Hartwing).[1] Finalmente, una desconexión C-N en el carbamato presente en E nos llevaría a la anilina sustituida de partida SM.

La secuencia sintética es la siguiente:[2] En primer lugar, se lleva a cabo la formación del carbamato a partir de la 4-bromo-2,6-dimetilanilina (SM). Para ello, se podría tratar el material de partida SM con cloroformiato de metilo ($ClCO_2Me$) en DIPEA. Sin embargo, debido a la alta toxicidad de este formiato, es conveniente utilizar otro procedimiento. Concretamente, la protección de la amina se puede realizar utilizando dicarbonato de di-*terc*-butilo y 4-(dimetilamino)piridina (DMAP) en acetonitrilo y sometiendo a reflujo en metanol el isocianato F formado, para obtener el carbamato E. A continuación, se lleva a cabo el acoplamiento de Buchwald-Hartwig entre E y la 4-fluorobencilamina (D) en presencia de un catalizador de paladio, un ligando de tipo fosfina como el BippyPhos y una base fuerte en THF. Esta reacción permite la formación de la amina secundaria B que, mediante una sustitución nucleofílica con bromuro de propargilo (C) en presencia de DIPEA conduce a la molécula objetivo A.

Bibliografía.

1) J. Clayden, N. Greeves, S. Warren, *Organic Chemistry*, 2nd Edition, Oxford University Press, Oxford, **2012**, pág. 1092–1095 (reacción de Buchwald-Hartwing).

2) Y.-J. Sun, *et al.*, *Molecules* **2023**, *28*, 4888–4896.

112. El compuesto A es un intermedio clave en la síntesis de levocabastina un antihistamínico utilizado en el tratamiento de la conjuntivitis alérgica. Diseña una síntesis del compuesto A a partir de (S)-óxido de propileno (SM) y cualquier otro material de partida necesario (C$_8$ máximo).

La presencia en la molécula objetivo A de un átomo de carbono cuaternario en posición α a un grupo éster nos permite hacer una doble desconexión (a) de tipo 1,2 C-C vinculada a una doble alquilación de un enolato y que nos conduce al compuesto tritosilado B y al éster C. El compuesto tritosilado B debe proceder del aminodiol D, sobre el cual aplicamos una desconexión 1,2-diX que nos conduce al (S)-oxido de propileno (SM) y al 2-aminoetanol (E). Por su parte el éster C debe proceder del ácido F que por interconversión de grupo funcional nos conduce al nitrilo G, que debe ser el compuesto que experimentará la doble alquilación.

Así pues, la secuencia sintética es la siguiente:[1] El aminoetanol (E) se hace reaccionar con el (S)-óxido de propileno (SM) para obtener el aminodiol D de forma enantiopura.[2] La tosilación total de este intermedio utilizando cloruro de tosilo, permite obtener el intermedio B, el cual reacciona con fenilacetonitrilo (G) mediante una reacción de doble alquilación para dar la piperidina correspondiente H.[2] Cabe destacar que esta ciclación transcurre con inversión en la configuración del átomo de carbono quiral proveniente del epóxido. Además, la generación de un nuevo centro quiral, en el carbono cuaternario, conduce a la formación de mezcla de diastereoisómeros. El nitrilo se hidroliza posteriormente con KOH/etilenglicol para obtener el ácido carboxílico I, el cual se somete a una reacción de esterificación utilizando bromuro de bencilo y carbonato de potasio. El éster obtenido se cristalizó para obtener el compuesto A con una relación de diastereoisómeros mayor de 99:1.

Bibliografía.

1) S. K. Kang, et al., *Molecules* **2017**, *22*, 1971.

2) J. Clayden, N. Greeves, S. Warren, *Organic Chemistry*, 2nd Edition, Oxford University Press, Oxford, **2012**, pág. 351-352 y 438 (apertura de epóxidos) y 585-586 (doble alquilación de nitrilos).

113. Síntesis del derivado de prolina A a partir de 2-fenilglicinato de *terc*-butilo (SM) y cualquier otro material de partida necesario.

Podemos observar que la parte derecha de la molécula objetivo A se corresponde con la estructura del 2-fenilglicinato de *terc*-butilo (SM). Por lo tanto, parece lógico que la primera desconexión sea la (a) de tipo C-N amina, en la que mantenemos la estructura de 2-fenilglicinato y que está vinculada a la reacción de formación del anillo de pirrolidina. Se llega así al compuesto B en el que hemos situado un átomo de bromo en el átomo de carbono terminal que debe actuar como grupo saliente en la reacción de ciclación. Así, en el compuesto B, aparte de la estructura del 2-fenilglicinato de metilo tenemos una cadena de tres átomos de carbono con una agrupación bromhidrina. Por lo tanto, a continuación, hacemos una interconversión de grupo funcional de la bromhidrina a un doble enlace y finalmente hacemos una desconexión (b) de tipo 1,2 C-C vinculada a la reacción de alilación enantioselectiva del enolato del 2-fenilglicinato de *terc*-butilo (SM).

Así pues, la secuencia sintética que se corresponde con este análisis retrosintético es la siguiente:[1] En primer lugar, y con el objeto de llevar a cabo la reacción de alquilación del enolato, se protege el grupo amina en forma de imina E mediante la reacción entre 2-fenilglicinato de *terc*-butilo (SM) y *para*-clorobenzaldehído (D).[1] Posteriormente, el enolato generado a partir de E se somete a una alilación enantioselectiva, utilizando para ello un catalizador quiral de transferencia de fase, lo que conduce al compuesto G.[1] Este intermedio, en presencia de ácido sulfúrico y metanol, experimenta simultáneamente la hidrólisis de la imina y la transesterificación a éster metílico para producir el compuesto H.

A continuación, el tratamiento de H con cloruro de tosilo y trietilamina da como resultado el compuesto C. Este, al reaccionar con bromo molecular, sufre una ciclación estereoselectiva que da lugar a la γ-lactona I. Finalmente, el tratamiento de I con hidruro de sodio y metanol conduce al producto deseado, A.

EJERCICIO. Formula el mecanismo de la transformación I → A.

Bibliografía.

1) K. Maeda, *et al. Tetrahedron Lett.* **2005**, *46*, 1545-1549.

2) J. Clayden, N. Greeves, S. Warren, *Organic Chemistry*, 2nd Edition, Oxford University Press, Oxford, **2012**, pág. 229-232 (formación de iminas) y 594 (alquilación de iminas).

114. Síntesis de la bicalutamida (A), fármaco utilizado en el tratamiento del cáncer de próstata, a partir de 4-amino-2-(trifluorometil)benzonitrilo (SM) y cualquier otro material de partida necesario (C$_6$ máximo).

A ⟹ SM   y cualquier otro material de partida necesario (C$_6$ máx.)

La presencia en la molécula objetivo A de una agrupación β-hidroxisulfona nos permite llevar a cabo una desconexión (a) de tipo 1,3-diO, compatible con una reacción de adición de tipo aldólico entre la anilida del ácido pirúvico B y la metilsulfona C. En la anilida B hacemos una desconexión (b) de tipo C-N (amida) que nos conduce a la amina de partida (SM) y al cloruro del ácido pirúvico (D). Por su parte, la metilsulfona C por interconversión de grupo funcional nos lleva al sulfuro E, el cual por desconexión (c) de tipo C-S, asimilable a una síntesis tipo Williamson nos proporciona *para*-fluorobencenotiol (F) y yoduro de metilo (G).

Ahora bien, sobre el grupo sulfona presente en la molécula objetivo A se puede hacer directamente la interconversión de grupo funcional al sulfuro H, abriéndose la posibilidad de un segundo análisis retrosintético. La posición relativa de los grupos sulfuro e hidroxilo presentes en H nos permite una desconexión (d) de tipo 1,2-diX asociada a la apertura de un epóxido por un tiol. Llegamos así al epóxido I y al tiol F. El epóxido I debe proceder del correspondiente alqueno J. Finalmente una desconexión (e) de tipo C-N (amida) nos conduce al material de partida (SM) y al cloruro de metacriloilo (K).

La síntesis descrita en la bibliografía[1] se corresponde con este segundo análisis retrosintético y es la siguiente: la anilina sustituida SM se hace reaccionar con el cloruro de metacriloilo (K), dando lugar a la amida J. El tratamiento de la amida α,β-insaturada (J) con ácido *meta*-cloroperbenzoico (*m*-CPBA) conduce al correspondiente epóxido (I). Este epóxido I, se hace reaccionar con el tiol aromático F en presencia de NaH, dando lugar a la α-hidroxiamida (H). La posterior oxidación del tioéter presente en el compuesto H a sulfona utilizando *m*-CPBA, da lugar a la molécula objetivo bicalutamida (A).

Dado que se sabe que la (R)-bicalutamida es el enantiómero más activo, se ha descrito la síntesis enantioselectiva de la (R)-A.[2] La reacción entre la (R)-prolina (L) y el cloruro de metacriloilo (K) permite preparar la amida quiral M. El tratamiento del compuesto M con N-bromosuccinimida conduce al compuesto bicíclico N, el cual mediante hidrolisis con HBr a reflujo da lugar al α-hidroxiácido quiral (R)-O. A partir del compuesto (R)-O y cloruro de tionilo se prepara el correspondiente cloruro de ácido que se hace reaccionar con la anilina sustituida SM, conduciendo a

266

la α-hidroxiamida (R)-P. La sustitución nucleofílica sobre el compuesto (R)-P con el tiol F en presencia

de NaH, da lugar al tioéter quiral (R)-H, cuya oxidación con m-CPBA conduce a la molécula objetivo (R)-

A.

EJERCICIO. Formula el mecanismo de la transformación M → N.

Bibliografía.

1) H.Tucker, J. W. Crook, G. J. Chesterson, *J. Med. Chem.* **1988**, *31*, 954-959.

2) M. Bassetto, *et al., Eur. J. Med. Chem.* **2016**, *118*, 230-243.

115. Síntesis del compuesto A a partir de (S)-2-(terc-butil)oxirano (SM) y cualquier otro material de partida acíclico.

A   SM

La presencia de un grupo metilo en β respecto a un grupo carbonilo nos indica la posición de la primera desconexión del análisis retrosintético. Se trata de una desconexión 1,3 C-C vinculada a la adición conjugada de un reactivo organometálico de cobre a un compuesto carbonílico α,β-insaturado B.[1]

A partir de este compuesto B, y teniendo en cuenta la presencia de un doble enlace, además de la agrupación lactona se pueden plantear dos posibles análisis retrosintéticos, dependiendo del orden en que hagamos las desconexiones de ambos grupos. En un primer análisis retrosintético, procedemos a la desconexión C=C que nos conduce al éster doblemente insaturado C, y que se puede vincular a una reacción de metátesis de alquenos (Grubbs II).[1]

A partir del éster C, una desconexión (c) del tipo C-O (éster) nos conduce al cloruro de acriloilo (D) y al alcohol alílico E. Finalmente sobre este alcohol hacemos una desconexión (d) de tipo 1,2 C-C que se vincula a la apertura del epóxido de partida SM por la acción de bromuro de vinilmagnesio (F).

Así pues, la secuencia sintética derivada del primer análisis retrosintético es la siguiente:[2] La apertura del epóxido del material de partida SM con el bromuro de vinilmagnesio (F) en presencia de CuI, da lugar al alcohol alílico E. En esta apertura se mantiene la estereoquímica del epóxido, además el reactivo organometálico ataca regioselectivamente al carbono menos sustituido del epóxido. A continuación, el tratamiento del alcohol E con el cloruro de acriloilo (D) en presencia de DMAP y DIPEA, permite obtener el éster doblemente insaturado C. Este compuesto C en el que está presente un sistema diénico se hace reaccionar con el catalizador de Grubbs de segunda generación (Grubbs II) obteniéndose la lactona B por reacción de metátesis de cierre de anillo (RCM). Finalmente, la adición conjugada de MeMgBr en presencia de CuI a la lactona B, da lugar a la molécula objetivo A. La adición conjugada al doble enlace C=C se produce de manera estereoselectiva por la cara menos impedida de la molécula, es decir, por la cara opuesta a la que ocupa el grupo *terc*-butilo.

En el segundo análisis retrosintético invertimos el orden en el que llevamos a cabo las desconexiones. Así, en primer lugar, una desconexión (e) del tipo C-O (éster) sobre la molécula B nos conduce al hidroxiéster F, sobre el que hacemos una desconexión (f) del tipo C=C compatible con una reacción de metátesis cruzada de alquenos (Grubbs II) que nos conduce al acrilato de metilo (G) y al alcohol alílico E. Sin embargo, este segundo análisis retrosintético hay que descartarlo, debido a que en las reacciones de metátesis cruzadas de alquenos no siempre se pueden evitar las reacciones de homoacoplamiento y además se obtiene generalmente el isómero E. De hecho, no hay descrita ninguna síntesis que se corresponda con este segundo análisis retrosintético.

Teniendo presente que en la molécula B, el doble enlace está situado en posición α,β- con respecto al grupo carbonilo, se podría pensar en una modificación del primer análisis retrosintético, que consistiría en una desconexión (g) de tipo 1,3-diO, vinculada a una reacción de condensación aldólica intramolecular que nos conduciría al compuesto H. A su vez, este compuesto H mediante una desconexión (h) de tipo C-O (éster) nos llevaría al cloruro de acetilo (I) y al hidroxialdehído J. La estructura de este compuesto J nos brinda la posibilidad de una nueva desconexión 1,3-diO vinculada a una reacción de adición aldólica cruzada entre el acetaldehído (K) y el pivalaldehído (L). Este tipo de reacciones aldólicas cruzadas en las que participa el acetaldehído resultan problemáticas debido a la tendencia del acetaldehído a dar reacciones de autocondensación. Generalmente se resuelve el problema utilizando un equivalente de enol específico del acetaldehído, como, por ejemplo, un aza-enolato, preparado por reacción ácido-base (LDA) a partir de una imina.[1]

La síntesis de B', enantiómero de B, ha sido descrita[3] a partir del compuesto N, obtenido por reacción aldólica cruzada del pivalaldehído (L) con acetona (M) catalizada por D-prolina, en una secuencia sintética de varias etapas.

EJERCICIO. Completa la secuencia sintética que conduce al compuesto B'.

Bibliografía.

1) J. Clayden, N. Greeves, S. Warren, *Organic Chemistry*, Oxford University Press, Second edition, **2001**, pág. 508-509 (reactivos organometálicos de cobre), 1025-1026 (metátesis de alquenos) y 633 (aza-enolatos).

2) D. Wadsworth, D. P. Furkert, J. Sperry, M. A. Brimble. *Org. Lett.* **2012**, *14*, 5374-5377.

3) B. Zou, J. Wei, G. Cai, D. Ma. *Org. Lett.* **2003**, *5*, 3503-3506.

116. La vildagliptina (A) es un fármaco que se utiliza para tratar la diabetes tipo 2 en adultos. Diseña una síntesis de vildagliptina (A), a partir 3-aminoadamantan-1-ol (SM) y cualquier otro material de partida necesario.

Vildagliptina (A)   SM

y cualquier otro material de partida necesario

La presencia en la molécula objetivo A de un grupo amina y de otro grupo amida nos ofrece la posibilidad de dos desconexiones C-N que nos conducirían al material de partida (SM), al cloruro de cloroacetilo (B) y al nitrilo derivado de la L-prolina C. El análisis retrosintético nos permitirá establecer el orden más adecuado para la formación de los dos grupos funcionales presentes en la molécula objetivo.

A   SM   B   C

Iniciamos el análisis retrosintético con la desconexión (a) de tipo C-N (amina) dejando para el final la desconexión (b) de tipo C-N (amida). Así pues, la desconexión (a) de tipo C-N (amina) nos conduce al 3-aminoadamantan-1-ol (SM) y al compuesto D. En este compuesto hacemos una interconversión del grupo funcional nitrilo a ácido carboxílico con lo que llegamos al compuesto E, en el que, finalmente, hacemos la desconexión (b) de tipo C-N (amida) vinculada a la reacción de sustitución nucleofílica sobre el cloruro de ácido presente en B por parte de la L-prolina (F).

La elección del orden indicado en el que se llevan a cabo las dos desconexiones C-N (amina) y C-N (amida) está de acuerdo con el hecho de que en la secuencia sintética de los dos grupos funcionales presentes en la molécula del cloruro de cloroacetilo (B) reaccionará en primer lugar el grupo funcional más reactivo (el cloruro de ácido) en presencia del grupo funcional menos reactivo ($ClCH_2$-).[1]

A   SM   D

Así pues, la secuencia sintética es la siguiente:[2,3] en primer lugar, se hace reacciona el aminoácido L-prolina (F) con cloruro de cloroacetilo (B) para obtener la amida correspondiente E. En el intermedio E, el grupo carboxilo puede hacerse más reactivo frente a nucleófilos si se trata previamente con cloruro cianúrico. Esta activación permite que, al añadir una fuente de amoníaco, se lleve a cabo la formación de la amida primaria G. A su vez, la amida primaria también puede convertirse en el correspondiente nitrilo D por tratamiento con cloruro cianúrico. Finalmente, el nitrilo D se hace reaccionar con 3-aminoadamantan-1-ol (SM) para obtener el producto deseado A mediante una reacción de sustitución nucleofílica sobre carbono alquílico.

Bibliografía.

1) J. Clayden, N. Greeves, S. Warren, *Organic Chemistry*, 2nd Edition, Oxford University Press, Oxford, **2012**, pág. 529 (quimioselectividad).

2) T. P. Stockdale, C. M. Williams, *Chem. Soc. Rev.* **2015**, *44*, 7737-7763.

3) L. Zhang, *et al., J. Chem. Res.* **2021**, *45*, 305-309.

117. La cetona bicíclica (A) es un intermedio importante en la síntesis del esqueleto de [3.3.3.]propelano. Diseña una síntesis de la cetona bicíclica (A) a partir de 3-metoxiciclopent-2-en-1-ona (SM) y cualquier otro material de partida necesario.

La presencia en la molécula objetivo A de una cetona α,β-insaturada facilita la primera desconexión (a) del tipo 1,3-diO, que se vincula a una reacción de condensación aldólica intramolecular[1] y que nos conduce al compuesto B, en el que están presentes dos grupos carbonilo, uno de aldehído y otro de cetona.

El grupo aldehído forma parte de una cadena hidrocarbonada C3 unida a la posición β respecto al carbonilo de cetona por lo que se puede pensar en una desconexión 1,3 C-C vinculada a una reacción de adición conjugada de un reactivo organometálico a una ciclopentenona α,β-insaturada.[1] No obstante conviene tener previamente el grupo aldehído protegido, como en C. En este compuesto C, se hace la desconexión (b) de tipo 1,3 C-C que nos conduce a la ciclopentenona sustituida α,β-insaturada D y al reactivo organomagnesiano E. El grupo homoalilo del compuesto D está situado en la posición ocupada por el grupo carbonilo del material de partida, por lo tanto, se podría pensar que dicho grupo homoalilo se incorpora mediante una reacción de adición de un reactivo de Grignard al grupo carbonilo con la consiguiente formación de un alcohol terciario. Asimismo, el grupo carbonilo del compuesto D está situado en la posición ocupada inicialmente por el éter de enol. Por lo tanto, el precursor sintético del compuesto D debe ser F (por deshidratación e hidrólisis). Finalmente, a partir de F mediante una desconexión (c) de tipo 1,2 C-C llegamos al material de partida SM y al reactivo de Grignard G.

Así pues, la secuencia sintética derivada del anterior análisis es la siguiente:[2] En primer lugar, se lleva a cabo la adición del reactivo de Grignard homoalílico G a la cetona de partida SM con lo que se obtiene, después del correspondiente work-up con cloruro de amonio, el alcohol terciario F. A continuación, por tratamiento de F con HCl acuoso se produce la hidrólisis del éter de enol y la deshidratación del hidroxilo terciario obteniéndose la ciclopentenona α,β-insaturada D sobre la que se lleva a cabo la adición conjugada con el reactivo de Grignard E en presencia de CuBr.SMe$_2$ en THF. El producto resultante C, se trata con HCl acuoso con lo que se produce la hidrólisis del etilencetal obteniéndose el compuesto dicarbonílico B. Este compuesto B por tratamiento con hidróxido de sodio experimenta una reacción de adición aldólica intramolecular transformándose en el aldol G. La deshidratación de este aldol no se produce directamente, sino que requiere la transformación del hidroxilo en un buen grupo saliente por reacción con cloruro de mesilo/piridina, compuesto H, el cual experimenta una reacción de eliminación por tratamiento con DBU dando lugar a la molécula objetivo.

Bibliografía.

1) J. Clayden, N. Greeves, S. Warren, *Organic Chemistry*, 2nd Edition, Oxford University Press, Oxford, **2012**, pág. 636-638 (condensación aldólica intramolecular) y 508-509 (adición conjugada de reactivos organometálicos de cobre).

2) W. Oppolzer, F. Marazza, *Hel. Chim. Acta* **1981**, *64*, 1575-1578.

118. La flecainida (A) es un fármaco con efecto antiarrítmico. Diseña una síntesis de la flecainida (A) a partir de 1,4-dibromobenceno (SM) y cualquier otro material de partida necesario (C₆ máximo).

La presencia en la molécula de flecainida (A) del grupo funcional amida nos ofrece la posibilidad de hacer una primera desconexión (a) del tipo C-N (amida) que nos conduce al ácido 2,5-bis(2,2,2-trifluoroetoxi)benzoico (B) y 2-(aminometil)-piperidina (C). El derivado de la piperidina C se puede considerar material de partida por lo que continuamos el análisis retrosintético con el ácido B.

Al comparar la estructura de este ácido B con la del 1,4-dibromobenceno de partida (SM) observamos que hay sustituir ambos átomos de bromo por grupos 2,2,2-trifluoroetoxi, así como introducir el grupo -CO$_2$H en la posición *orto* a uno de los átomos de bromo. La introducción del grupo carboxilo se puede hacer por diferentes métodos como son la carboxilación de un reactivo de Grignard o la hidrólisis de un nitrilo.[1] No obstante, en este ejemplo parece más conveniente utilizar la oxidación de una metilcetona, la cual se prepararía mediante una acilación de Friedel-Crafts.[1] Así pues, por interconversión de grupo funcional, el ácido carboxílico B nos conduce a la metilcetona D, en la cual hacemos una desconexión (b) de tipo C-C, vinculada a una reacción de acilación de Friedel-Crafts del compuesto E. Finalmente en E podemos hacer una doble desconexión (c) de tipo C-O vinculada a una síntesis de Ullmann de éteres aromáticos,[2] que nos conduce al 1,4-dibromobenceno (SM) de partida.

Así pues, la secuencia sintética es la siguiente:[3] En primer lugar, 1,4-dibromobenceno (SM) se hace reaccionar con trifluoroetanol en presencia de base y cobre mediante una síntesis de Ullmann con el fin de obtener el éter aromático E. Este compuesto mediante una reacción de acilación de Friedel-Crafts da lugar al producto D. A continuación, se lleva a cabo una oxidación de la cetona presente en el compuesto D, mediante una reacción del haloformo, obteniéndose el ácido carboxílico B. Finalmente, la formación del cloruro de ácido y la sustitución nucleofílica de este con la amina C da lugar a la flecainida (A).

En la última etapa de la secuencia sintética se obtiene como producto secundario la amida resultante de la reacción de acilación del átomo de nitrógeno del anillo de piperidina. Para evitar esta reacción resulta conveniente reemplazar la 2-(aminometil)-piperidina (C) por 2-(aminometil)-piridina (F), aunque este cambio suponga un paso adicional de reducción del anillo de piridina.[4]

EJERCICIO. Indica el producto secundario de la última etapa de la primera secuencia sintética. En la segunda secuencia sintética se reemplaza la 2-(aminometil)-piperidina (C) por 2-(aminometil)-piridina (F), pecisamente para evitar la formación de este producto secundario. Justifica este resultado.

Bibliografía.

1) J. Clayden, N. Greeves, S. Warren, *Organic Chemistry*, 2nd Edition, Oxford University Press, Oxford, **2012**, pág. 190-191 (carboxilación de un reactivo de Grignard), 214 (hidrólisis de nitrilos) y 493-494 (acilación de Friedel-Crafts).

2) M. B. Smith, J. March, *March's Advanced Organic Chemistry*, 6th Edition, John Wiley and Sons, Hoboken, New Jersey, **2007**, pág. 873.

3) W. C. Mcdaniel, J. Radhakrishnan, S. J. Janicki, WO Patent 2002/066413 A1, **2002**.

4) N. Takale, N Kaliyaperumal, G. Mannathusamy, R. Govindasamy, *J. Pharm. Res. Int.* **2022**, *34*, 45-54.

119. El compuesto A es un intermedio importante en la síntesis de bifenomicina, un ciclopéptido con potente actividad antibacteriana. Diseña una síntesis del compuesto A a partir de cualquier derivado del salicilaldehído.

Frecuentemente la síntesis de α-aminoácidos en forma enantioméricamente pura se lleva a cabo por hidrogenación catalítica enantioselectiva del correspondiente alqueno proquiral.[1] Así pues, iniciaremos el análisis retrosintético de la molécula objetivo A con una adición de grupo funcional (AGF) introduciendo un doble enlace en posición conjugada al grupo éster llegando al compuesto B. En este compuesto hacemos una desconexión C=C, vinculada a una reacción de Wittig.[1] Lógicamente el grupo aldehído presente en el anillo de la izquierda del bifenilo deberá estar protegido, llegando así al compuesto C. En este compuesto situamos un grupo protector ortogonal[2] del aldehído presente en el anillo de la derecha del bifenilo.

Llegamos así al compuesto D. En este compuesto ya podemos plantear una desconexión C-C del enlace que une los dos anillos del bifenilo, tomando en consideración una reacción de acoplamiento cruzado entre los compuestos E y F. El compuesto E puede proceder del 5-bromosalicilaldehído (SM$_1$) y el compuesto F del 5-yodosalicilaldehído (SM$_2$).

Así pues, la secuencia sintética derivada de este análisis retrosintético sería la siguiente:[3] En primer lugar, el tratamiento del 5-bromosalicilaldehído (SM₁) con cloruro de bencilo produce un derivado con el grupo hidroxilo protegido G. Posteriormente, este compuesto se hace reaccionar con propan-1,3-diol en medio ácido para formar el acetal correspondiente, E. A continuación, el compuesto E en presencia de magnesio da lugar al correspondiente organomagnesiano el cual se trata con dicloruro de zinc para obtener el reactivo organozínquico H que se utilizará en la reacción de acoplamiento cruzado.

Por otro lado, a partir del 5-yodosalicilaldehído (SM₂), el tratamiento con cloruro de bencilo/Et₃N seguido de reacción con propan-1,3-ditiol en medio ácido genera el compuesto F.

Luego, se lleva a cabo la reacción de acoplamiento entre el reactivo organozínquico H y el yoduro F, catalizada por una sal de Pd(II), obteniéndose el compuesto D mediante una reacción de acoplamiento de Negishi.[1]

Seguidamente, se procede a la desprotección del tioacetal en presencia de *N*-bromosuccinimida (NBS) y una base,[2] obteniendo el aldehído correspondiente C. Este aldehído C participa en una reacción de Wittig-Horner para generar el alqueno B utilizando el fofonato J, cuyo carbanión se prepara *in situ* por reacción con tetrametilguanidina (K), como base. A continuación, el compuesto B se somete a una hidrogenación catalítica asimétrica utilizando un catalizador quiral de Rh(I) reduciendo el doble enlace y generando el enantiómero deseado (S).[1] Finalmente, la desprotección en medio ácido del acetal conduce al compuesto deseado, A.

Bibliografía.

1) J. Clayden, N. Greeves, S. Warren, *Organic Chemistry*, 2nd Edition, Oxford University Press, Oxford, **2012**, pág. 1118 (síntesis asimétrica de α-aminoácidos), 689-693 (reacción de Wittig) 189 (reacciones de acoplamiento de Negishi).

2) T. W. Greene, P. G. M. Wuts, *Protective Groups in Organic Synthesis*, Third Edition, John Wiley and Sons, New York, **1998**, pág. 567.

3) U. Schmidt, *et al. Synthesis* **1992**, 1025-1030.

120. Los eudesmanos constituyen un grupo de sesquiterpenos ampliamente distribuido en el reino vegetal. Diseña una síntesis del eudesmano A a partir del eudesmano SM.

A   SM

Las estructuras de la molécula objetivo A y del material de partida SM difieren únicamente en la posición del grupo hidroxilo, en el C8 en el material de partida y en el C9 en la molécula objetivo. Por lo tanto, la síntesis se limita a una transferencia del grupo hidroxilo desde C8 a C9. Este tipo de transferencias se suelen llevar a cabo utilizando un epóxido como producto intermedio.[1]

Se inicia el análisis retrosintético con una adición de grupo funcional (AGF) en el C8 de la molécula objetivo, de manera que se tienen funcionalizados los átomos de carbono C8 y C9 (compuesto B). Por interconversión de grupo funcional (IGF) de B llegamos al epóxido C vinculada a una reacción de apertura nucleofílica del epóxido. Una nueva IGF nos conduce al alqueno D y finalmente otra IGF nos lleva al material de partida SM.

Así pues, la secuencia sintética es la siguiente:[2] el tratamiento de SM con anhídrido tríflico seguido de Li_2CO_3 permite la obtención del alqueno D. Hay que señalar que en estas condiciones de reacción se obtiene el doble enlace menos sustituido. Otros intentos de llevar a cabo la deshidratación, vía cloruro, mesilato o sulfuro-sulfóxido resultaron infructuosos. La epoxidación de este alqueno D resultó ser bastante refractaria. Intentos de epoxidación con ácido *meta*-cloroperbenzoico, hexafluoroacetona-H_2O_2 o perborato de sodio-anhídrido acético resultaron infructuosos. Sin embargo, la utilización de dioxirano de dimetilo permite obtener el epóxido C con una elevada quimio- y estereoselectividad. En este caso, la aproximación del dioxirano por la parte cóncava del sistema bicíclico puede explicar la estereoquímica observada. El epóxido C se abre con PhSeNa en presencia de un ácido de Lewis para obtener el intermedio B, el cual se trata con Ni Raney desactivado para formar el producto deseado A.

Bibliografía.

1) J. Clayden, N. Greeves, S. Warren, Organic Chemistry, 2nd Edition, Oxford University Press, Oxford, **2012**, pág. 429-432.

2) G. Blay, L. Cardona, B. García, J. R. Pedro *J. Org. Chem.* **1993**, *58*, 7204-7208.

121. El compuesto A es un intermedio importante en la síntesis de alcaloides de tipo indolizidina, una clase de productos naturales aislados de diferentes fuentes vegetales y animales. Diseña una síntesis del compuesto A a partir de furfural (SM) y cualquier otro material de partida.

A   SM   y cualquier otro material de partida necesario

La estructura de la molécula objetivo A está constituida por dos anillos condensados uno de seis miembros con una agrupación lactona y otro de cinco miembros con un grupo exometileno. La estructura del anillo de seis miembros podría resultar de la oxidación del anillo de furano del material de partida (reacción de Achmatowicz),[1] por lo que parece lógico empezar el análisis retrosintético por el anillo pentagonal. Se podría pensar en una primera desconexión (a) de tipo C-C implicando un átomo de carbono insaturado, que estaría vinculada a una reacción de ciclación por adición radicalaria a un alquino terminal.[2] Frecuentemente los alquinos terminales se utilizan en síntesis protegidos en forma de trimetilsililo (TMS),[3] por lo que previamente a la desconexión haremos una adición de grupo funcional. Así sobre el carbono olefínico terminal instalaremos un grupo TMS (compuesto B) y a continuación haremos la desconexión (a) con lo que llegaremos al compuesto C, en el que hemos situado un grupo generador de radicales (GR) en la posición C-5 del anillo hexagonal y, además, hemos hecho una interconversión del grupo funcional lactona a lactol que debe estar convenientemente protegido (GP) para poder manipular la función oxigenada en C-5 resultante de la oxidación del anillo de furano del material de partida. Adición de un doble enlace en el compuesto D en las posiciones C3-C4 nos proporciona la estructura E, con una agrupación 1,4-dicarbonílica, típica de la oxidación de un alcohol furílico tal como F.

Este alcohol F procederá de la adición de un reactivo de Grignard G al furfural (SM) y posterior resolución cinética de Sharpless[4] para controlar la estereoquímica del alcohol necesario.

Así pues, la secuencia sintética completa es la siguiente:[5] En primer lugar la adición nucleofílica del reactivo de Grignard G al 2-furfural (SM) da lugar al alcohol racémico F. Este alcohol F se sometió a la resolución cinética de Sharpless utilizando ^{t}BuOOH como oxidante y como complejo quiral el formado a partir de tetraisopropóxido de titanio y L-tartrato de diisopropilo ((L)-DIPT), obteniéndose el correspondiente alcohol (R)-F. Este alcohol (R)-F se trató con N-bromosuccimida dando el producto de oxidación H. La agrupación hemiacetálica presente en H se protegió mediante el uso de etilviniléter y para-toluenosulfonato de piridinio, dando lugar al compuesto E con un grupo carbonilo α,β-insaturado . El compuesto E se sometió a una reducción del doble enlace utilizando la combinación de LiAlH$_4$-CuI, obteniendo la cetona saturada D. La reducción diastereoselectiva de la cetona D con NaBH$_4$/THF da lugar al alcohol I.

Este alcohol I se hizo reaccionar con tiocarbonildiimidazol obteniéndose el compuesto C que es el precursor para la reacción de ciclación radicalaria. A continuación, con el compuesto C, se realiza la ciclación radicalaria utilizando Bu₃SnH y AIBN que permite obtener el compuesto bicíclico J, sobre el que se lleva a cabo la desprotección del hemiacetal con ácido clorhídrico obteniéndose K. La posterior oxidación con clorocromato de piridinio da lugar a la lactona B, la cual por desililación utilizando HF, permite obtener la molécula objetivo A.

Bibliografía.

1) J. A. Joule, K. Mills, *Heterocyclic Chemistry*, Fifth Edition, John Wiley and Sons, Chichester UK, **2010**, pág. 351

2) F. A. Carey, R. J. Sundberg, *Advanced Organic Chemistry*, Part B, 5th Edition, Springer, New York, **2007**, pág. 660-673.

3) J. Clayden, N. Greeves, S. Warren, *Organic Chemistry*, 2nd Edition, Oxford University Press, Oxford, **2012**, pág 671-672.

4) M. Kusakabe, Y. Kitano, Y. Kobayashi, F. Sato, *J. Org. Chem.*, **1989**, *54*, 2085-2091.

5) T. Honda, M. Hoshi, K. Kanai, M. Tsubuki, *J. Chem. Soc., Perkin Trans. 1*, **1994**, 2091-2101.

122. El compuesto A es un intermedio en la síntesis de panacenos, productos marinos con importantes propiedades anti-feedant frente al tiburón. Diseña una síntesis del compuesto A a partir de 3-etilfenol (SM₁) y furano (SM₂).

Al comparar la estructura de la molécula objetivo con la de los materiales de partida observamos que se trata de conectar un anillo bencénico con otro de furano mediante la formación de un nuevo anillo de furano. El análisis retrosintético se podría plantear mediante una doble desconexión simultánea: por un lado, una desconexión de tipo C-O (éter) entre el átomo de oxígeno del grupo hidroxilo (nucleófilo) del 3-etilfenol y el C-3 del furano (electrófilo) y otra desconexión de tipo C-C entre el C-2 del furano (nucleófilo) y el C-2 *orto* al grupo hidroxilo del 3-etilfenol que debería actuar como electrófilo. Es decir, se necesitaría invertir la polaridad natural de este átomo de carbono ("umpolung").[1]

Esta inversión de la polaridad de compuestos aromáticos ricos en electrones se puede conseguir mediante activación oxidativa con reactivos de iodo hipervalente, como por ejemplo el diacetato de feniliodonio (PIDA).[2] Este tipo de reactivos pueden convertir compuestos aromáticos en intermedios reactivos electrofílicos, los cuales pueden ser interceptados por nucleófilos apropiados, en este caso el furano. La reacción formalmente equivale a una cicloadición [2+3] oxidativa entre un fenol y el furano. El mecanismo generalmente aceptado para este tipo de transformaciones es el siguiente:

Sin embargo, es previsible que en la reacción de oxidación del 3-etilfenol con PIDA en presencia de furano se obtenga una mezcla de los compuestos A y A', resultantes de la ciclación por las dos posiciones *orto* del fenol (C-2 y C-6) respectivamente. Es más, muy previsiblemente predomine el compuesto no deseado A' resultante de la ciclación por C-6 dado que la ciclación por C-2 presenta mayor impedimento estérico.

Por lo tanto, es necesario bloquear la posición C-6 previamente a la reacción de ciclación. Con esta finalidad se suele utilizar el grupo trimetilsililo, el cual se suele introducir por metalación con *n*-butil-litio y posterior reacción con cloruro de trimetilsililo. La reacción de metalación hace necesaria la protección previa del grupo hidroxilo.

Así pues, la secuencia sintética completa es la siguiente:[3] El 3-etilfenol (SM$_1$) se protege formando el éter de tetrahidropiranilo utilizando dihidropirano en presencia de *para*-toluenosulfonato de piridinio. El fenol protegido E puede entonces someterse a condiciones de litiación en posición *orto* y posterior captación con el cloruro de trimetilsililo dando el compuesto D, bloqueando así la posición del anillo aromático que no se desea que reaccione en la ciclación oxidativa. El grupo hidroxilo fenólico se regenera por desprotección en condiciones oxidativas utilizando hexanitrato de cerio y amonio (CAN) obteniéndose el compuesto C. A continuación, y como se ha expliado anteriormente, el fenol C se hace reaccionar con furano (SM$_2$) y PIDA obteniéndose el compuesto ciclado B. Finalmente, el tratamiento con fluoruro de tetrabutilamonio y fluoruro de cesio en DMF permite llevar a cabo la reacción de protodesililación y obtener la molécula objetivo A.

Bibliografía.

1) D. Seebach, *Angew. Chem., Int. Ed.* **1979**, *18*, 239-336.

2) T. Dohi, Y. Kita; Hypervalent iodine-induced oxidative couplings (new metal-free coupling advances and their applications in natural product syntheses) in Hypervalent Iodine Chemistry (Ed: Thomas Wirth). *Top. Curr. Chem.* 373, 1-24. Springer International Publishing. Switzerland, **2016**.

3) C. Sabot, D. Bérard, S. Canesi, *Org. Lett.* **2008**, *10*, 4629-4632.

123. El compuesto A es un intermedio importante en la síntesis de halichondrinas, una clase de productos naturales marinos aislados de *Halichondria okadai*. Diseña una síntesis del compuesto A a partir de furfural (SM).

A   SM

La estructura de la molécula objetivo A está constituida por dos anillos de seis miembros condensados. En el anillo A podemos observar una agrupación hemiacétalica con el grupo hidroxilo en forma de benzoato mientras que en el anillo B podemos observar una agrupación éter, en la que el átomo de oxígeno está unido a la posición β a un éster metílico. Por lo tanto, en el anillo B se podría pensar en una primera desconexión (a) de tipo 1,3-diX, que nos conduciría al compuesto B y que se podría vincular a una adición conjugada intramolecular de grupo hidroxilo al éster α,β-insaturado presente en B. En el éster α,β-insaturado se puede hacer una desconexión (b) de tipo C=C que nos conduciría al compuesto C con un doble enlace terminal y a acrilato de metilo y que se correspondería con una reacción de metátesis de Hoveyda-Grubbs.[1] En el compuesto C por interconversión del grupo hidroxilo a carbonilo y de benzoato a hidroxilo libre llegamos al compuesto D, en el que podemos observar la presencia de dos grupos carbonilo en posiciones relativas 1,4-, y que nos ofrece la posibilidad de una reconexión a un anillo de furano. Así pues, el compuesto D se puede obtener directamente a partir del compuesto E por oxidación en las condiciones de la reacción de Achmatowicz.[2] El análisis retrosintético y la síntesis del compuesto E a partir de furfural (SM) se ha explicado en el ejercicio 107.

Así pues, la secuencia sintética es la siguiente:[3] En primer lugar, se lleva a cabo la adición del organomagnesiano, generado *in situ* a partir de 4-bromo-1-buteno y magnesio, al furfural (SM) obteniéndose una mezcla racémica del compuesto E. Posteriormente, mediante una resolución cinética de Sharpless empleando D-tartrato de diisopropilo (D-DIPT), se obtiene el enantiómero *S* del mencionado compuesto E.

En presencia de *terc*-butilhidroperóxido y un complejo de vanadio, se realiza la oxidación de Achmatowicz del compuesto E, lo que da lugar a la formación de la piranona D. A continuación, el tratamiento con cloruro de benzoilo conduce a la formación de un éster. La cetona presente en el producto resultante se reduce de manera diastereoselectiva utilizando borohidruro de sodio en las condiciones de Luche,[1] obteniéndose el compuesto C.

En una etapa posterior, una reacción de metátesis cruzada de Hoveyda-Grubbs con acrilato de metilo genera el compuesto B. Finalmente, una adición conjugada intramolecular del grupo hidroxilo al éster α,β-insaturado presente en B da lugar al producto deseado, el compuesto A.

Bibliografía.

1) J. Clayden, N. Greeves, S. Warren, *Organic Chemistry*, 2nd Edition, Oxford University Press, Oxford, **2012**, pág. 1025-1027 (reacción de metátesis cruzada) y 536-537 (reducción de Luche).

2) J. A. Joule, K. Mills, *Heterocyclic Chemistry*, Fifth Edition, John Wiley and Sons, Chichester UK, **2010**, pág. 351

3) K. L. Jackson, *et. al.*, *Tetrahedron Lett.* **2008**, *49*, 2939-2941.

124. (±)-Tramadol (A) es un fármaco con propiedades analgésicas que pertenece al grupo de los opioides sintéticos. Diseña una síntesis de tramadol (A) a partir de ciclohexanona (SM) y cualquier otro material de partida necesario (C$_7$ máximo).

A   SM

y cualquier otro material de partida necesario (C$_7$ máx.)

La presencia en la parte central de la molécula de (±)-tramadol (A) de un alcohol terciario nos indica claramente la posición de la primera desconexión (a) del tipo 1,1 C-C, vinculada a la reacción de adición de un reactivo de Grignard a una cetona,[1] que nos conduce al *meta*-bromoanisol (B) y a la ciclohexanona C.

El compuesto B se puede considerar material de partida por lo que continuamos el análisis retrosintético con la ciclohexanona sustituida C. Esta cetona presenta una estructura muy característica, con una agrupación dimetilaminometil en posición α al grupo carbonilo. Típicamente este tipo de estructuras se sintetizan mediante una reacción de Mannich.[1] Así pues, en el compuesto C hacemos una desconexión (b) de tipo 1,3 N-O que nos conduce a la ciclohexanona (SM) y la sal de iminio D resultante de la reacción entre el formaldehído (E) y la dimetilamina (F).

A   B   C   SM   D   E   F

Así pues, la secuencia sintética es la siguiente:[2] la ciclohexanona (SM) se hace reaccionar con paraformaldehído (E) y el hidrocloruro de la dimetilamina (F), conduciendo al hidrocloruro del compuesto C mediante una reacción de Mannich. El tratamiento de este hidrocloruro con NaOH da la 2-dimetilaminometilciclohexanona (C). A continuación, la adición nucleofílica del bromuro de *meta*-metoxifenilmagnesio preparado a partir de B, al grupo carbonilo de cetona de C permite obtener el (±)-tramadol (A). La adición nucleofílica del reactivo de Grignard es diastereoselectiva, produciéndose por la cara menos impedida del grupo carbonilo del compuesto C, que es la opuesta al grupo dimetilaminometil.

Bibliografía.

1) J. Clayden, N. Greeves, S. Warren, *Organic Chemistry*, 2nd Edition, Oxford University Press, Oxford, **2012**, pág. 132-133 (adición de un reactivo de Grignard a una cetona) y 620 (reacción de Mannich).

2) S. Bindra, *et al.*, *RSC Adv.* **2024**, *14*, 27657.

125. El compuesto ciclopentánico (A) es un intermedio temprano importante en la síntesis de diferentes productos naturales de origen marino. Diseña una síntesis del compuesto (A) a partir de 2,3-dimetilbut-2-enal (SM) y cualquier otro material de partida necesario.

La presencia en la molécula objetivo A de una 1,3-hidroxicetona facilita la primera desconexión (a) del tipo 1,3-diO, que se vincula a una reacción de adición aldólica intramolecular[1] y que nos conduce al compuesto B, en el que están presentes dos grupos carbonilo, en posiciones relativas 1,6-. Esta agrupación 1,6-diCO permite plantear una reconexión que nos conduce al ciclohexeno C, cuya síntesis se puede vincular a una reacción de Diels-Alder.[1] Por lo tanto, en el ciclohexeno C hemos de hacer las interconversiones de grupos funcionales necesarias que nos permitan identificar los sustituyentes del dieno y el dienófilo que participarán en dicha reacción de Diels-Alder. Así los grupos azida, por desconexión (b) de tipo C-N, vinculada a una sustitución nucleofílica, deben proceder de un derivado del diol D. Por interconversión de grupo funcional a partir del diol D llegamos al diéster E, en el que ya podemos identificar el dieno F (con sustituyentes electrón-dadores) y el dienófilo G (con sustituyentes electrón-aceptores) que participarán en la reacción de Diels-Alder. En el dieno F intercambiamos el grupo *O-para*-metoxibencilo (OPMB) por el grupo *O*-triisopropilsililo (OTIPS) llegando al dieno H, utilizado frecuentemente en reacciones de Diels-Alder. Este dieno H es el trimetilsililenol del 2,3-dimetilbut-2-enal (SM).

F = H ⟹ SM

Así pues, la secuencia sintética derivada del anterior análisis es la siguiente:[2] En primer lugar, el 2,3-dimetilbut-2-enal (SM) se hace reaccionar con el cloruro de triisopropilsililo (TIPSCl) en presencia de trietilamina dando lugar al dieno H. Con el dieno H y fumarato de metilo (G) como dienófilo se lleva a cabo la reacción de Diels-Alder, dando lugar al ciclohexeno I. La estereoquímica de este aducto de Dial-Alder I fue determinada por difracción de rayos X y es el resultado de una aproximación *endo* entre el dieno H y el dienófilo G, la cual permite un solapamiento secundario entre el orbital π del grupo electrón-aceptor del dienófilo situado en "*orto*" al grupo dador del dieno y los orbitales π de los átomos de carbono centrales del sistema diénico.[3] El ciclohexeno resultante I se trata con LiAlH$_4$ en THF con lo que se produce la reducción de los grupos ésteres obteniéndose el diol J. Este compuesto J por tratamiento con cloruro de mesilo en presencia de piridina se transforma en compuesto K. Este compuesto experimenta una doble reacción de sustitución nucleofílica S$_N$2 por tratamiento con NaN$_3$ en DMF dando lugar al producto L. Este se hace reaccionar con TBAF, provocando la desprotección del grupo TIPS, obteniéndose el compuesto M, que a su vez se trata con NaH seguido de cloruro de *para*-metoxibencilo (PMBCl), dando lugar al producto C. A continuación, por reacción de C con O$_3$ seguido de tratamiento con sulfuro de dimetilo se produce la ozonólisis reductiva obteniéndose el compuesto 1,6-dicarbonílico B, sobre el que se lleva a cabo la reacción aldólica intramolecular en presencia de gel de sílice húmeda permitiendo la obtención de la molécula objetivo A.

Bibliografía.

1) J. Clayden, N. Greeves, S. Warren, *Organic Chemistry*, 2nd Edition, Oxford University Press, Oxford, **2012**, pág. 636-638 (adición aldólica intramolecular) y 879-892 (reacción de Diels-Alder).

2) J. Yamaguchi, *et al. Angew. Chem. Int. Ed.* **2008**, 47, 3578-3580

3) F. A. Carey, R. J. Sundberg, *Advanced Organic Chemistry*, Part B, 5th Edition, Springer, New York, **2007**, pág. 474-480.

126. El compuesto A es un análogo del Pacritinib, un fármaco utilizado en el tratamiento de la mielofibrosis. Diseña una síntesis del compuesto (A) a partir de 2,4-dicloropirimidina (SM) y cualquier otro material de partida necesario (C₇ máximo).

La estructura macrocíclica del compuesto (A) y la presencia de un doble enlace en ese macrociclo nos permite hacer una primera desconexión (a) del tipo C=C que se correspondería con una reacción de formación del macrociclo vinculada a una metátesis de cierre de anillo (ring-closing metathesis, RCM)[1] y que nos conduce al dieno B. En este compuesto B con una amina secundaria unida al anillo de pirimidina por un lado y a un anillo bencénico por otro, hacemos una desconexión (b) de tipo C-N vinculada a una reacción de sustitución nucleofílica aromática sobre el anillo de pirimidina[2] y que nos conduce a los compuestos C y D.

En el éter presente en C hacemos una desconexión (c) de tipo C-O vinculada a una síntesis de Williamson[1] que nos conduce al alcohol E y bromuro de alilo (F). Finalmente, en el biarilo E, hacemos una desconexión (d) de tipo C-C vinculada a una reacción de acoplamiento cruzado de Suzuki entre un ácido borónico G y la 2,4-dicloropirimidina (SM).

Por otra parte, el análisis retrosintético de D es relativamente sencillo. En primer lugar, llevamos a cabo una interconversión de grupo funcional de amino a nitro, compuesto H, y a continuación una desconexión (e) de tipo C-O (éter) vinculada a una síntesis de Williamson que nos conduce al alcohol *meta*-nitrobencílico (I) y bromuro de alilo (F).

Así pues, la secuencia sintética es la siguiente:[3] En primer lugar, la síntesis del alcohol E se lleva a cabo mediante un acoplamiento de Suzuki entre 2,4-dicloropirimidina (SM) y el ácido borónico G catalizada por una sal de paladio (0). A continuación, se produce una sustitución nucleofílica entre el alcohol bencílico E y el bromuro de alilo (F) bajo condiciones de transferencia de fase obteniéndose el producto C.

Por otro lado, el éter alílico H se sintetiza a partir del alcohol bencílico I por reacción con bromuro de alilo (F) empleando las mismas condiciones descritas anteriormente. A continuación, el grupo nitro de este compuesto es reducido a grupo amino en presencia de hierro y cloruro amónico dando el producto D.

Posteriormente, la sustitución nucleofílica aromática sobre el anillo de pirimidina del compuesto C con la amina D obtenida anteriormente da lugar al producto B. Finalmente se lleva a cabo el cierre de anillo mediante metátesis catalizada por rutenio obteniéndose el macrociclo A.

Bibliografía.

1) J. Clayden, N. Greeves, S. Warren, *Organic Chemistry*, 2nd Edition, Oxford University Press, Oxford, **2012**, pág. 1023-1028 (RCM), 340 (síntesis de Williamson) y 1085-1087 (acoplamiento de Suzuki).

2) J. A. Joule, K. Mills, *Heterocyclic Chemistry*, 5th Edition, Wiley, Chichester, **2010**, pág. 2563-259.

3) a) A. D. William, *et al., J. Med. Chem.* **2011**, *54*, 4638-4658. b) D. B. Tiz, *et al., Pharmaceutics* **2022**, *14*, 2538.

127. Las spiropiperidinas presentan aplicaciones terapéuticas prometedoras. Diseña una síntesis de la spiropiperidina A a partir de 2-(clorometil)-1-fluoro-4-nitrobenceno (SM).

La presencia en la molécula objetivo A de un anillo nitrogenado pentagonal condensado al anillo bencénico nos permite una primera desconexión (a) de tipo C-N vinculada a una sustitución aromática nucleofílica intramolecular que nos conduce al compuesto B, en el cual se puede observar una agrupación $-CH_2NH_2$ a la que podemos aplicar una interconversión de grupo funcional que nos proporciona el nitrilo C. La posición α al grupo nitrilo está doblemente sustituida por lo que podemos pensar en una doble desconexión (c) de tipo 1,2 C-C asociada a una doble alquilación del carbanión en α al nitrilo D utilizando el compuesto E como alquilante. El compuesto E se puede considerar material de partida y en el nitrilo D podemos hacer una desconexión (c) de tipo C-C, vinculada a una reacción de sustitución nucleofílica, que nos conduce al material de partida SM

Teniendo en cuenta que la doble alquilación del nitrilo D requerirá la utilización de una base fuerte, es conveniente llevar a cabo en primer lugar la protección del grupo N-H presente en la molécula del alquilante.[1] Así, se ha descrito una secuencia sintética[2] que se corresponde con las consideraciones anteriores: Por una parte, inicialmente, se realiza una sustitución nucleofílica sobre el 2-(clorometil)-1-fluoro-4-nitrobenceno (SM) con cianuro de sodio para obtener 2-(2-fluoro-5-nitrofenil)acetonitrilo (D). Por otra parte, el grupo amino del compuesto E se protege con dicarbonato de di-*terc*-butilo, formándose F. Este actúa como dialquilante de D sobre el carbono α al grupo nitrilo en presencia de hidruro de sodio en THF. El grupo Boc del compuesto formado G se elimina con ácido clorhídrico para dar la molécula C. Finalmente, se lleva a cabo la reducción del grupo nitrilo a amina con hidruro de aluminio y litio y, además de forma espontánea, tiene lugar una sustitución nucleofílica aromática intramolecular que conduce a la formación del anillo de cinco miembros, proporcionando la espiropiperidina objetivo A.

Bibliografía.

1) J. Clayden, N. Greeves, S. Warren, *Organic Chemistry*, 2nd Edition, Oxford University Press, Oxford, **2012**, 548-560 (protección de grupos funcionales).

2) J.-S. Xie, C. Q. Huang, Y.-Y. Fang, Y.-F. Zhu, *Tetrahedron*, **2004**, *60*, 4875–4878.

128. El ácido ibandrónico (A) es un fármaco indicado en la prevención y el tratamiento de la osteoporosis y que pertenece al grupo de los bifosfonatos. Diseña una síntesis del ácido ibandrónico (A) a partir de cualquier material de partida (C$_5$ máximo).

La molécula objetivo A presenta dos subestructuras significativas, la agrupación bifosfonato y la amina terciaria. La síntesis del grupo bifosfonato suele implicar la reacción de un ácido carboxílico o alguno de sus derivados con diferentes reactivos de fósforo, tales como el tricloruro de fósforo, el ácido fosforoso o el oxicloruro de fósforo.[1]

Por lo tanto, el análisis retrosintético se debe encaminar, en primer lugar, a sustituir el grupo bifosfonato por un ácido carboxílico mediante una doble desconexión (a) de tipo C-P, la cual nos conduce al ácido B y a continuación al correspondiente éster C. En este compuesto podemos observar que en posición β al grupo éster existe un grupo amina, por lo tanto, se puede hacer una desconexión (b) de tipo 1,3-diX vinculada a una reacción de adición conjugada de la amina E al acrilato de metilo (D).[2] Finalmente, en E hacemos una desconexión (c) de tipo C-N que nos conduce a 1-bromopentano (SM).

Así pues, la secuencia sintética es la siguiente:[3,4] la alquilación de la metilamina con 1-bromopentano (SM) permite obtener la amina secundaria E, controlando adecuadamente las condiciones de reacción para evitar la polialquilación. La adición conjugada de esta al acrilato de metilo (E) conduce al β-aminoéster C, cuya hidrólisis ácida produce el ácido carboxílico B. Finalmente, el tratamiento con tricloruro de fósforo en ácido fosfórico genera el bifosfonato A deseado.

SM MeNH₂ / NaHCO₃ / H₂O → E + acrylate OMe, D → C

HCl → B H₃PO₄/PCl₃ → A

EJERCICIO. Diseña una síntesis del ácido zoledrónico (A), también utilizado como fármaco en el tratamiento de la osteoporosis.

A

Bibliografía.

1) N. Guedeney *et al., New J. Chem.*, **2024**, *48*, 1436-1442.

2) J. Clayden, N. Greeves, S. Warren, Organic Chemistry, 2nd Edition, Oxford University Press, Oxford, **2012**, pág. 503-511.

3) D. D. Tanner, R. Arhart, C. P. Meintzer, *Tetrahedron*, **1985**, *41*, 4261-4277.

4) L. Wilder *et al., J. Med. Chem.*, **2002**, *45*, 3721-3738.

129. El compuesto A es un intermedio temprano en la síntesis de triquinanos. Diseña una síntesis del compuesto (A) a partir de (S)-limoneno (SM).

La presencia en la molécula objetivo de un grupo carbonilo α,β-insaturado facilita una desconexión 1,3-diO vinculada a una condensación aldólica intramolecular del compuesto dicarbonílico B.[1] La posición relativa 1,6- de los dos grupos carbonilo nos indica la siguiente etapa en el análisis retrosintético: una reconexión 1,6-diCO que nos conduce al ciclohexeno C, que es un dihidroderivado del (S)-limoneno (SM).

Así pues, la secuencia sintética es la siguiente:[2] En primer lugar, se realiza la hidrogenación selectiva del doble enlace exocíclico del limoneno, la cual se lleva a cabo en presencia del catalizador de Wilkinson, obteniéndose el compuesto C. A continuación, se lleva a cabo la epoxidación del doble enlace restante, seguida de la apertura del epóxido en presencia de ácido sulfúrico acuoso, lo que conduce a la formación del diol D. Posteriormente, la oxidación de este diol en presencia de peryodato de sodio da lugar al compuesto B. Finalmente, mediante una condensación aldólica intramolecular de B, se obtiene el producto final A.

También se ha descrito la ruptura oxidativa del doble enlace del (R)-limoneno y la condensación aldólica organocatalizada por L-prolina en etanol del compuesto dicarbonílico (ent)-B obteniéndose el compuesto (ent)-A.[3]

EJERCICIO. Las amidas del ácido pulegánico, como por ejemplo el compuesto A, tienen interesantes propiedades como repelentes de insectos. Diseña una síntesis de la amida del ácido pulegánico A a partir de (R)-limoneno y cualquier otro material de partida necesario (C_6 máximo).

A

(R)-limoneno

y cualquier otro
material de partida
necesario (C_6 máx.)

Bibliografía.

1) J. Clayden, N. Greeves, S. Warren, *Organic Chemistry*, 2nd Edition, Oxford University Press, Oxford, **2012**, pág. 636-638 (condensación aldólica intramolecular).

2) J. Wright, G. J. Drtina, R. A. Roberts, L. A. Paquette, *J. Am. Chem. Soc.* **1988**, *110*, 5806-5817.

3) I. Pérez, J. G. Ávila-Zárraga, *Tetrahedron Lett.* **2018**, *59*, 3077-3079.

130. Los norlignanos son productos naturales bioactivos con esqueleto de difenilpentano. El nyasol (A) es un norlignano aislado de la planta *Anemarrhena asphodeloides*. Diseña una síntesis del nyasol (A) a partir de 4-metoxiacetofenona (SM$_1$) y *para*-anisaldehído (SM$_2$).

La presencia en la molécula objetivo A de dos anillos bencénicos conectados por una cadena hidrocarbonada de tres átomos de carbono con un doble enlace *cis*, nos obliga a considerar métodos de síntesis estereoespecífica de *cis*-olefinas. Uno de los métodos más utilizados con esta finalidad es la olefinación de Corey-Winter de tionocarbonatos cíclicos.[1] Así pues, iniciamos el análisis retrosintetico con una interconversión de grupo funcional (IGF) al diol anti C. Si consideramos que el hidroxilo contiguo al anillo aromático procede de una IGF de la cetona D, podemos observar que en β al grupo carbonilo tenemos un grupo vinilo y en α un grupo hidroxilo. Ambos cambios se podrían vincular a la adición conjugada a la cetona conjugada F (desconexión 1,3 C-C) de un reactivo organometálico de cobre, captación del enolato resultante como sililenoléter E[2] y oxidación del mismo.[1] Finalmente, a partir de F una desconexión (b) de tipo 1,3-diO, vinculada a una condensación aldólica cruzada, nos conduce a 4-metoxiacetofenona (SM$_1$) y *para*-anisaldehído (SM$_2$).

La secuencia sintética correspondiente al análisis retrosintético anterior es la siguiente:[3] La primera reacción consiste en la condensación de Claisen-Schmidt entre la 4-metoxiacetofenona (SM$_1$) y *para*-anisaldehído (SM$_2$) que da lugar a la cetona α,β-insaturada F. Sobre esta se produce la adición conjugada del bromuro de vinilmagnesio y la *O*-sililación in situ con cloruro de (*terc*-butildimetil)sililo (TBSCl) para generar el compuesto E. La oxidación de Rubottom de E con ácido *meta*-cloroperbenzoico (*m*-CPBA) seguida de la desililación en disolución de HF acuoso produce la α-hidroxicetona D. A continuación, se lleva a cabo la reducción de la cetona presente en D controlada mediante quelación con Zn(BH$_4$)$_2$ en éter. Esta reacción proporciona mayoritariamente el 1,2-diol *anti* C, estereoquímica necesaria para la obtención del doble enlace *cis*, mediante la olefinación de Corey-Winter de tionocarbonatos cíclicos.

Para ello, el compuesto C se trata con tiocarbonildiimidazol (Im$_2$CS) y diisopropiletilamina (DIPEA) en diclorometano para dar lugar al tionocarbonato 1,3-cíclico G. La reacción de eliminación de G con fosfito de trimetilo conduce al alqueno *cis* B de forma prácticamente estereoespecífica. Finalmente, la desmetilación del compuesto B con yoduro de metilmagnesio a temperatura alta y presión reducida proporciona el nyasol (A).

Bibliografía.

1) F. A. Carey, R. J. Sundberg, *Advanced Organic Chemistry*, Part B: Reactions and Synthesis, 5th Edition, Springer, New York, **2007**, pág. 459 (olefinación de Corey-Winter) y 1140 (oxidación de sililenoléteres).

2) J. Clayden, N. Greeves, S. Warren, *Organic Chemistry*, 2nd Edition, Oxford University Press, Oxford, **2012**, pág. 508-509 (captación de enolatos como sililenoléteres).

3) Y. Fang, H. Park, *Synth. Commun.* **2015**, *45*, 137-142.

131. El compuesto A es un intermedio temprano en la síntesis de diisocianoterpenos, una familia de metabolitos secundarios con potente actividad antiplasmodial. Diseña una síntesis del compuesto (A) a partir de (-)-perillaldehído (SM) y cualquier otro material de partida necesario (C$_8$ máximo).

A   (-)-Perillaldehído (SM)

Al comparar la estructura de la molécula objetivo A con la del (-)-perillaldehído (SM) de partida observamos que se trata de construir, por un lado, un anillo de γ-lactona fusionado a las posiciones α, β del aldehído y, por otra parte, incorporar un grupo arilo en la posición γ de ese mismo grupo aldehído.

Iniciaremos el análisis retrosintético por el anillo de γ-lactona. Una desconexión (a) de tipo éster nos conduce al hidroxiácido o su correspondiente hidroxiéster B. La presencia del grupo hidroxilo en una posición terciaria nos facilita la siguiente desconexión (b) de tipo 1,1 C-C vinculada a la reacción de adición de un reactivo organometálico al grupo carbonilo de cetona presente en C.[1] En esta cetona podemos observar la presencia de un grupo alquilo en la posición α al carbonilo y un grupo arilo en posición β al mismo grupo carbonilo. Por lo tanto, continuamos el análisis retrosintético con una desconexión (c) de tipo 1,2 C-C vinculada a una reacción de alquilación del enolato[1] de D y con una desconexión (d) de tipo 1,3 C-C vinculada a una reacción de adición conjugada del reactivo organometálico E a la cetona α,β-insaturada F.[1]

Finalmente, para llegar al (-)-perillaldehído (SM) tenemos que integrar un átomo de carbono en F mediante una reconexión C=C, que nos conduce al éter de enol G, el cual por interconversión de grupo funcional nos conduce al (-)-perillaldehído (SM).

F   G   (-)-Perillaldehído (SM)

Así pues, la secuencia sintética es la siguiente:[2] Inicialmente, el (-)-perillaldehído (SM) se transforma en el sililéter de enol G por tratamiento con trifluorometanosulfonato de *terc*-butildimetilsililo (TBSOTf) y trietilamina (TEA) como base. Este se somete a oxidación con ácido *meta*-cloroperbenzoico (*m*-CPBA) en medio básico con la consecuente formación del epóxido H sobre el éter de enol. La posterior apertura del epóxido en medio ácido fluorhídrico acuoso y la oxidación con peryodato de sodio del hidroxialdehído generado conduce a la cetona α,β-insaturada F. Sobre esta se produce la adición conjugada del reactivo organocuproso formado entre el reactivo de Grignard E y CuI. La consecuente adición de bromoacetato de etilo en hexametilfosforamida (HMPA) conduce a la alquilación del enolato I mediante una reacción de sustitución nucleofílica. A continuación, el compuesto obtenido, C, se somete a una reacción de adición de bromuro de metilmagnesio sobre el carbonilo de la cetona para proporcionar el hidroxiéster B, el cual espontáneamente experimenta una reacción de transesterificación intramolecular que conduce a la molécula objetivo A.

(-)-Perillaldehído (SM)   G   H   F

I   C

C → (MeMgBr, THF) → [B] → A

Bibliografía.

1) J. Clayden, N. Greeves, S. Warren, *Organic Chemistry*, 2nd Edition, Oxford University Press, Oxford, **2012**, pág. 189-194 (adición de reactivos organometálicos a compuestos carbonílicos), 587-590 (alquilación de enolatos) y 508-510 (adición conjugada).

2) P. C. Roosen, A. S. Karns, B. D. Ellis, C. D. Vanderwal, *J. Org. Chem.* **2022**, *87*, 1398–1420.

132. La focalina (A) es un fármaco utilizado para el tratamiento del trastorno por déficit de atención con hiperactividad. Diseña una síntesis de focalina (A) a partir del ácido pipecólico (SM) y cualquier otro material de partida necesario.

Focalina (A)   Ácido pipecólico (SM)

Al comparar la estructura de la focalina (A) con la del ácido pipecólico (SM) de partida observamos que se trata de incorporar un anillo bencénico al grupo carboxilo del ácido pipecólico (SM). Además, también hay que incorporar un átomo de carbono adicional en el carbono que une el anillo de piperidina con el de benceno.

Una forma sencilla de incorporar este átomo de carbono adicional es mediante una reacción de Wittig con el iluro de metiltrifenilfosfonio.[1] Así, iniciaremos el análisis retrosintético con una interconversión de grupo funcional (IGF) del éster A al alcohol primario B, el cual debe proceder de la hidratación anti-Markovnikov del alqueno C. A continuación, se hace una desconexión (a) de tipo C=C, vinculada a una reacción de Wittig, que nos conduce a la cetona D y al iluro de metiltrifenilfosfonio. En esta cetona D hacemos una desconexión (b) del tipo 1,1 C-C que nos conduce al ácido pipecólico (SM) y el reactivo organometálico E, que se correspondería con la reacción de adición del reactivo organometálico a un derivado del ácido pipecólico (SM), como puede ser la amida de Weinreb, que permite detener la adición en la etapa de cetona.[1]

A   B   C

D   SM   E

Así pues, la secuencia sintética es la siguiente:[2] En primer lugar, debemos llevar a cabo la protección del ácido pipecólico (SM) con (Boc)$_2$O en presencia de trietilamina dando lugar al compuesto F. A continuación, se prepara la amida de Weinreb G a partir del ácido F. Para ello, se trata el ácido F con hexafluorofosfato de benzotriazoliloxitris[dimetilamino]fosfonio (BOP), que es un reactivo para activar ácidos carboxílicos, y con N,O-dimetilhidroxilamina, rindiendo el compuesto G. Sobre esta amida se adiciona un equivalente de fenil-litio E, obteniéndose la cetona H. Esta cetona H se trata con el iluro derivado del tratamiento básico (KOtBu) del bromuro de metiltrifenilfosfonio (I), experimentando la reacción de Wittig, la cual permite obtener el alqueno J. La hidroboración de este alqueno con BH$_3$·THF y la posterior oxidación del alquilborano correspondiente mediante H$_2$O$_2$ en medio básico acuoso da lugar al alcohol K. Este alcohol puede oxidarse fácilmente utilizando dicromato de piridinio (PDC) en DMF para formar el ácido L. A continuación, el tratamiento de este ácido L con diazometano (CH$_2$N$_2$) y posterior hidrólisis del grupo Boc empleando HCl, se obtiene la focalina (A).

Bibliografía.

1) J. Clayden, N. Greeves, S. Warren, *Organic Chemistry*, 2nd Edition, Oxford University Press, Oxford, **2012**, pág. 219 (adición de un reactivo de Grignard a una amida de Weinreb) y 237-238 (reacción de Wittig).

2) J. Li, K. K. C. Liu, *Mini. Rev. Med. Chem.* **2004**, *4*, 207 -233.

133. La papaverina es un alcaloide aislado de la adormidera (*Papaver somniferum*) con propiedades vasodilatadoras. Diseña una síntesis del compuesto A, estructuralmente relacionado con la papaverina a partir del piperonal (SM).

Papaverina   A   Piperonal (SM)

El compuesto A presenta una estructura de bencilisoquinoleína, por lo que el análisis retrosintético se debe dirigir a la síntesis de este tipo de esqueleto. Hay varios métodos para sintetizar isoquinoleínas, de los cuales el más utilizado es la ciclación intramolecular de una amida derivada de la β-feniletilamina convenientemente sustituida (reacción de Bischler-Napieralski).[1]

Así pues, el análisis retrosintético se inicia con una desconexión (a) de tipo C-C que se corresponde con la reacción de Bischler-Napieralski y que nos conduce a la amida derivada de la β-feniletilamina B. En esta amida hacemos una desconexión (b) de tipo C-N (amida) que nos conduce a la β-feniletilamina sustituida C y al ácido D. Tanto C como D por interconversión de grupo funcional (IGF) nos conducen al nitrilo E, el cual por desconexión (c) de tipo C-C nos conduce al cloruro bencílico F. Finalmente, por desconexión C-X e interconversión de grupo funcional llegamos al piperonal (SM).

A   C-C / Bischler-Napieralski   B

C   IGF   E

B $\Longrightarrow$ (b) C-N

+

D   IGF   E

E   C-C (c)   F   C-X (d)   G   IGF   SM

La secuencia sintética derivada de este análisis es la siguiente:[2,3] En primer lugar se lleva a cabo la reducción del grupo aldehído del piperonal (SM) a alcohol mediante la reacción de Cannizzaro con NaOH en agua y etanol. El alcohol bencílico obtenido G se somete a una sustitución nucleofílica por tratamiento con ácido clorhídrico dando lugar al cloruro bencílico F. Una nueva sustitución nucleofílica con cianuro de potasio en etanol conduce al nitrilo E. Este, por una parte, se reduce a la β-feniletilamina sustituida C con hidruro de aluminio y litio. Por otra parte, el nitrilo E se transforma en el ácido carboxílico D mediante hidrólisis básica con hidróxido de sodio en etanol y agua. La reacción entre la amina C y el ácido D en presencia de EEDQ (2-etoxiquinoleína-1(2H)-carboxilato de etilo) conduce a la amida B. Finalmente, B se somete a las condiciones de reacción de Bischler-Napieralski produciéndose la ciclación intramolecular de la amida por el tratamiento con oxicloruro de fósforo en acetonitrilo para obtener la bencildihidroisoquinoleína A.

Bibliografía.

1) J. A. Joule, K. Mills, *Heterocyclic Chemistry*, 5th Edition, Wiley, Chichester, **2010**, pág. 195.

2) M. P. Cava, S. S. Libsch, *J. Org. Chem.* **1974**, *39*, 577-578.

3) A. S. Capilla, *et. al., Tetrahedron* **2001**, *57*, 8297-8303.

134. El enalapril (A) es un derivado de la L-prolina que se utiliza como fármaco antihipertensivo. Diseña una síntesis del enalapril (A) a partir de L-prolina y cualquier otro material de partida necesario.

La comparación de la estructura de la molécula objetivo A con la de la L-prolina de partida nos lleva a plantear un primer análisis retrosintético, en el que la primera desconexión sería la (a) de tipo C-N (amida), que se correspondería con la formación del grupo amida a partir del ácido carboxílico presente en el compuesto B y la amina secundaria de la prolina (SM).

Ahora bien, hay que fijarse que en la molécula objetivo existe también una amina secundaria que ofrece la posibilidad de iniciar un segundo análisis retosintético con una primera desconexión (b) de tipo C-N (amina) que se podría vincular a una reacción de aminación reductiva entre el cetoéster C y el dipéptido alanina-prolina (D).

Se suele elegir este segundo análisis retrosintético, debido a que la síntesis de dipéptidos de tipo D está muy bien establecida.[1] Así pues, a partir de D la desconexión (c) de tipo C-N (amida) nos conduciría a L-alanina (E) y a L-prolina (SM).

Por su parte en el cetoéster C haríamos una desconexión (d) de tipo 1,1 C-C que nos conduciría a un reactivo organometálico F y a oxalato de etilo (G).

315

Así pues, la secuencia sintética sería la siguiente:[2] la L-prolina (SM) se hace reaccionar con isobuteno en presencia de un ácido fuerte para obtener el correspondiente éster de *terc*-butilo H. Por otro lado, la L-alanina (E) debe protegerse utilizando dicarbonato de *terc*-butilo para obtener el correspondiente *N*-Boc aminoácido (I). Los dos derivados de aminoácido se hacen reaccionar mediante una reacción de acoplamiento utilizando DCC obteniéndose el dipéptido J. El compuesto J se hace reaccionar con HCl para obtener el dipéptido desprotegido D.

Por otro lado, la adición de bromuro de (2-feniletil)magnesio (F) a oxalato de etilo (G) seguida de tratamiento ácido permite obtener el cetoéster C.[3] En este punto, se realiza la aminación reductiva entre el cetoéster C y el dipéptido D , utilizando cianoborohidruro de sodio. La diastereoselectividad obtenida se debe a la preferencia del hidruro a adicionarse por la cara *Re* de la imina, debido al impedimento estérico ocasionado por los sustituyentes en el nitrógeno.

Bibliografía.

1) J. Clayden, N. Greeves, S. Warren, *Organic Chemistry*, 2nd Edition, Oxford University Press, Oxford, **2012**, pág. 553-559.

2) T. J. Blacklock *et al. J. Org. Chem.* **1988**, *53*, 836-844.

3) K. Miyake *et al. Org. Lett.* **2024**, *26*, 39, 8233–8238.

135. El captopril (A) es un derivado de la L-prolina que se utiliza como fármaco antihipertensivo. Diseña una síntesis del captopril (A) a partir de L-prolina y cualquier otro material de partida necesario.

Al comparar la estructura de la molécula objetivo A con la de la L-prolina de partida observamos que se trata de incorporar un grupo acilo al átomo de nitrógeno de la L-prolina, es decir transformar el grupo amino de la prolina en una amida. Por lo tanto, parece lógico que la primera desconexión sea precisamente la (a) de tipo C-N (amida) que se correspondería con la formación de dicho grupo funcional y que nos conduciría a la L-prolina (SM) y al compuesto B.

Ahora bien, hay que tener presente que cuando se llevan a cabo este tipo de transformaciones, es decir, formación de un grupo amida a partir de un ácido carboxílico y una amina, en presencia de un grupo ácido adicional, este debe estar protegido. Muy frecuentemente esta protección se lleva a cabo en forma de éster *terc*-butílico.[1]

En cuanto al compuesto B, la relación 1,3-entre el grupo ácido carboxílico y el tiol nos permite una desconexión (b) de tipo 1,3-diX que nos conduce al ácido metacrílico C y al anión bisulfuro, vinculada a una adición conjugada del bisulfuro al ácido α,β-insaturado. Para evitar la doble reacción de alquilación del átomo de azufre, se suele reemplazar el anión bisulfuro por ácido tioacético, aunque este cambio de reactivo supone una etapa adicional de hidrólisis el tioéster formado.

Así pues, la ruta sintética es la siguiente:[2] En primer lugar, se realiza la adición de ácido tioacético al ácido metacrílico C, obteniendo el compuesto D. Desde el punto de vista de la estereoquímica del producto resultante hay que fijarse que en esta transformación C→D se genera un centro quiral y por lo tanto se obtiene una mezcla racémica. Seguidamente, la L-prolina, con su grupo ácido protegido como éster *terc*-butílico, se hace reaccionar con el compuesto D (racémico). Esta reacción se lleva a cabo mediante la activación del ácido utilizando como agente de condensación *N,N'*-diciclohexilcarbodiimida (DCC), lo que permite la síntesis de la amida E. En esta transformación D→E se forma una mezcla de diastereoisómeros que se pueden separar convenientemente por cristalización. Posteriormente, se procede a la desprotección del grupo ácido mediante la hidrólisis del éster con ácido trifluoroacético (TFA), obteniéndose el compuesto F. Finalmente, se realiza la aminólisis del tioéster, donde el amoníaco actúa como nucleófilo reaccionando con el grupo carbonilo del tioéster, que presenta una mayor electrofilia en comparación con el carbonilo de la amida, obteniéndose el captopril (A).

El captopril (A) con la configuración S en la cadena del ácido 3-mercapto-2-metilpropanoico es aproximadamente 100 veces más activo que el diastereoisómero con la configuración R.

Se ha descrito[3] la síntesis de este diastereoisómero del captopril (A) mediante una secuencia sintética semejante a la anterior, pero reemplazando el ácido tioacético de la primera etapa por ácido tiobenzoico.

El producto H (racémico) resultante de la adición conjugada por tratamiento con metanol en presencia de lipasa de *Pseudomonas* (Lipasa PS-30) experimenta una esterificación biocatalítica enantioselectiva dando el enantiómero R del éster metílico y recuperándose el enantiómero S del ácido sin reaccionar.

A partir de este ácido ópticamente enriquecido se completa la secuencia sintética de forma similar a la descrita anteriormente.

Bibliografía.

1) J. Clayden, N. Greeves, S. Warren, *Organic Chemistry*, 2nd Edition, Oxford University Press, Oxford, **2012**, pág. 556.

2) D. W. Cushman, H. S. Cheung, E. F. Sabo, M. A. Ondetti, *Biochemistry* **1977**, *16*, 5484-5491.

3) R. N. Patel, A. Banerjee, L. J. Szarka, *J. Am. Oil Chem. Soc.* **1996**, *73*, 1363-1375.

136. El valdecoxib (A) es un fármaco antiinflamatorio no esteroideo indicado para el tratamiento de la artrosis y la artritis reumatoide. Diseña una síntesis de valdecoxib (A), a partir de benceno (SM).

La presencia en la molécula objetivo A del grupo sulfonamida nos obliga a plantearnos la pregunta de cuál es el momento más adecuado para llevar a cabo la introducción de dicho grupo funcional. O en una etapa temprana de la síntesis, con los problemas que se pueden derivar de reacciones ácido-base del grupo sulfonamida o en la etapa final, una vez se ha construido el esqueleto hidrocarbonado de 5-metil-3,4-difenilisoxazol. Teniendo en cuenta la mayor reactividad frente a electrófilos del anillo bencénico situado en la posición C-4 del isoxazol la segunda opción parece más adecuada.[1]

Así pues, iniciamos el análisis retrosintético con una desconexión (a) de tipo C-S la cual nos conduce al 5-metil-3,4-difenilisoxazol (B) vinculada a una reacción de clorosulfonación aromática y transformación del cloruro de ácido sulfónico en sulfonamida. A continuación, hacemos una desconexión (b) que se corresponde con la formación del anillo de isoxazol y que nos conduce al compuesto C. En este compuesto observamos una agrupación metilcetona unida a la posición α a una oxima, por lo tanto, continuamos el análisis retrosintético con una desconexión (c) de tipo 1,3-diCO vinculada a una reacción de acilación del enolato de la oxima D.

En la oxima D hacemos la desconexión C=N (imina) con lo que se llega a la cetona aromática E, susceptible de una desconexión (e) de tipo C-C vinculada a una reacción de acilación de Friedel-Crafts que nos conduce a benceno (SM) y ácido 2-fenilacético (F). Utilizando desconexiones estándar a partir de F se llega al benceno (SM).

D   E   F   SM

Así pues, la secuencia sintética es la siguiente:[2] En primer lugar, el benceno reacciona con bromo molecular en presencia de $FeBr_3$, dando lugar a bromobenceno (G) mediante una sustitución electrofílica aromática. A continuación, el bromobenceno se trata con magnesio metálico, formando el bromuro de fenilmagnesio, un reactivo de Grignard. En presencia de óxido de etileno, este actúa como nucleófilo, abriendo el anillo epoxídico y, tras hidrólisis ácida, se obtiene 2-feniletanol (H).

Posteriormente, este alcohol primario se oxida con permanganato de potasio, generando el correspondiente ácido carboxílico F. El ácido se convierte en su cloruro de ácido mediante tratamiento con cloruro de tionilo ($SOCl_2$), y éste, a su vez, se somete a una acilación de Friedel-Crafts con benceno para obtener la cetona E.

La oxima D se forma a partir de E mediante reacción con hidroxilamina. Posteriormente, la oxima es tratada con hexil-litio, lo que da lugar al correspondiente enolato, que actúa como nucleófilo en una sustitución nucleofílica sobre el grupo carbonilo del acetato de etilo. En el intermedio resultante C el grupo hidroxilo de la oxima da lugar a una adición intramolecular sobre el grupo carbonilo, originando directamente el heterociclo I.

En presencia de ácido clorosulfónico y ácido trifluoroacético, I se transforma en el correspondiente isoxazol J mediante un proceso de deshidratación y sustitución electrofílica aromática que da lugar a la formación de un cloruro de ácido sulfónico. Finalmente, mediante una sustitución nucleofílica con hidróxido de amonio el cloruro de ácido sulfónico J se transforma en sulfonamida obteniéndose el compuesto final: Valdecoxib (A).

Bibliografía.

1) Se puede explicar fácilmente la diferencia de reactividad frente a electrófilos de los dos anillos bencénicos del 5-metil-3,4-difenilisoxazol dibujando los correspondientes intermedios de Wheland y estudiando su estabilidad. J. Clayden, N. Greeves, S. Warren, *Organic Chemistry*, 2nd Edition, Oxford University Press, Oxford, **2012**, pág.471.

2) J. Li, K. K.-C. Liu, *Mini. Rev. Med. Chem.* **2004**, *4*, 207.

137. Diseña una síntesis del ácido 2-(((3S,4R)-4-hidroxiheptan-3-il)oxi)acético (A) a partir de (R)-hexa-1,5-dien-3-ol (SM).

A   SM

Al comparar la molécula objetivo A con el material de partida SM observamos que las estructuras de la parte izquierda de A y de SM son idénticas (a excepción del doble enlace). Por lo tanto, el análisis retrosintético se debe centrar en el cambio de funcionalización y el alargamiento de la cadena hidrocarbonada en un átomo de carbono de la parte derecha del material de partida SM. Ambos cambios se podrían asociar a la apertura de un epóxido con un reactivo organometálico.[1]

Así pues, iniciamos el análisis retrosintético con una desconexión (a) de tipo C-O (éter) compatible con una síntesis de Williamson. Ahora bien, para evitar la formación del éter a partir del grupo hidroxilo original es necesario haber protegido previamente dicho grupo. Se tiene así el compuesto B sobre el que hacemos la desconexión (a) que nos conduce al compuesto C. A partir de este alcohol C planteamos la desconexión (b), de tipo 1,2 C-C, vinculada a la apertura del epóxido D producida por un reactivo organometálico que aporte un grupo metilo. La obtención del epóxido D, o más bien de su precursor E, se puede vincular a una reacción de epoxidación en las condiciones de Sharpless de alcoholes alílicos.[2]

La secuencia sintética que se corresponde con el análisis retrosintético anterior es la siguiente: En primer lugar, el material de partida SM se trata con hidroperóxido de *terc*-butilo en las condiciones de Sharpless con lo que se consigue la epoxidación enantioselectiva del doble enlace que forma parte del alcohol alílico, dejando inalterado el otro doble enlace. Se obtiene así el compuesto E, sobre el que se lleva a cabo la protección del grupo hidroxilo en forma de benciléter D. Esta protección es necesaria para llevar a cabo la monofuncionalización del diol que se genera en la etapa siguiente. A continuación, el compuesto D se hace reaccionar con yoduro de metilmagnesio/yoduro de cobre (I) con lo que se produce el ataque del reactivo organometálico sobre el carbono menos sustituido del epóxido con la apertura simultánea del mismo y la formación del compuesto C. El grupo hidroxilo libre generado en esta reacción se transforma en el éter B en las condiciones de Williamson con ácido bromoacético e hidruro de sodio. Finalmente, la última etapa se lleva a cabo con hidrógeno en presencia de un catalizador de paladio con lo que se produce simultáneamente la hidrogenólisis del benciléter utilizado como protector y la hidrogenación del doble enlace terminal presente en B. Se obtiene así la molécula objetivo A.

Bibliografía.

1) F. A. Carey, R. J. Sundberg, *Advanced Organic Chemistry*, Part B: Reactions and Synthesis, 5th Edition, Springer, New York, **2007**, pág 685

2) J. Clayden, N. Greeves, S. Warren, *Organic Chemistry*, 2nd Edition, Oxford University Press, Oxford, **2012**, pág. 1120-1123.

138. La seleginina (A) es un fármaco que se emplea para el tratamiento de los síntomas de la enfermedad de Parkinson. Diseña una síntesis de seleginina (A) a partir de benceno y cualquier otro material de partida (C₃ máximo).

La presencia en la molécula objetivo de una amina terciaria facilita las primeras desconexiones. Una primera desconexión (a) del tipo C-N que se podría asociar a una aminación reductiva con formaldehido nos conduce a la amina secundaria B. De forma similar, una segunda desconexión (b) de tipo C-N compatible con una aminación reductiva entre un compuesto carbonílico y una amina primaria, nos conduce a 1-fenilpropan-2-ona (C) y propargilamina (D). Finalmente, una desconexión C-C en el compuesto C implicando un átomo de carbono aromático nos conduce a benceno (SM) y α-cloroacetona (E), vinculada a una reacción de alquilación de Friedel-Crafts.

Así pues, la secuencia sintética[1] es la siguiente: en primer lugar, se hace reaccionar benceno con 1-cloropropan-2-ona (E) en presencia de cloruro de aluminio obteniéndose la cetona C. A continuación, la aminación reductiva de la cetona C con la amina propargílica D, rinde la amina secundaria B. Finalmente, la alquilación de la amina B mediante una aminación reductiva con formaldehido en presencia de cianoborohidruro de sodio da lugar a la molécula objetivo A.

Está descrita la síntesis enantioselectiva de la (*R*)-seleginina, siguiendo el esquema anterior, utilizando una reacción de aminación reductiva enantioselectiva mediante biocatálisis. Así, partiendo de la fenilacetona C y de la amina propargilica D, se obtiene la amina (*R*)-B utilizando una iminorreductasa mutante IR36-M5.[2] Finalmente, la (*R*)-seleginina se obtiene por aminación reductiva a partir de la amina (*R*)-B y formaldehído utilizando $NaBH_3CN$ como reductor.

Bibliografía.

1) J. Löffler, *et al., Angew. Chem. Int. Ed.* **2024**, *63*, e202408947.

2) Y. Hu, *et al., Molecules*, **2024**, *29*, 1328.

139. El compuesto A es un intermedio temprano en la síntesis de PM060184, un producto natural de origen marino con propiedades prometedoras en el tratamiento contra el cáncer. Diseña una síntesis del compuesto (A) a partir de 1,3-propanodiol (SM) y cualquier otro material de partida necesario.

La estructura diénica del compuesto A nos permite hacer dos desconexiones consecutivas del tipo C=C vinculadas a la reacción de Wittig.[1] Así una primera desconexión (a) nos conduce al aldehído B y al yoduro de (yodometil)trifenilfosfonio (C). En el aldehído B se plantea la segunda desconexión (b) de tipo C=C, aunque previamente conviene hacer una interconversión del grupo aldehído a éster D, sobre el cual haremos la segunda desconexión C=C que nos conducirá al aldehído E y al iluro de trifenilfosforano de etoxicarboniletilideno F. En el aldehído E podemos observar una función oxigenada en posición β al grupo carbonilo, lo que nos permite hacer una desconexión 1,3-diO vinculada a una reacción de adición aldólica. Para controlar la estereoquímica del aldol resultante se puede utilizar la metodología de Evans basada en el empleo de una oxazolidinona como auxiliar quiral.[1] Para ello, previamente hacemos una interconversión del aldehído presente en la molécula E a una N-aciloxazolidinona G.

Sobre este compuesto G hacemos la desconexión 1,3-diO, la cual nos conduce al aldehído H y a la propioniloxazolidinona I.

Finalmente, el aldehído H por interconversión de grupo funcional nos conduce al 1,3-propanodiol (SM), mientras que en la oxazolidinona I hacemos una desconexión (d) de tipo C-N (amida), la cual nos conduce al cloruro de propanoilo (K) y a (R)-4-benciloxazolidin-2-ona (L).

Así pues, la secuencia sintética es la siguiente:[2-4] En primer lugar se lleva a cabo la monosililación del 1,3 propanodiol (SM) por adición lenta de cloruro de *terc*-butildimetilsililo a un exceso del diol en diclorometano obteniéndose el compuesto J, el cual fue oxidado en las condiciones de Swern (cloruro de oxalilo y DMSO) al correspondiente aldehído H. Por otra parte, se lleva a cabo la preparación de la *N*-propioniloxazolidinona I por reacción del cloruro de propanoilo (K) con la oxazolidinona L en presencia de trietilamina/DMAP en tolueno a reflujo.

En la siguiente etapa, utilizando la metodología de Evans se llevó a cabo la reacción de adición aldólica entre el aldehído H y la *N*-propioniloxazolidinona I, con lo que se obtiene el producto aldólico M con estereoquímica *syn*. A continuación, el grupo hidroxilo del aldol obtenido se protege por reacción con triflato de *terc*-butildimetilsililo obteniéndose el compuesto N. Después de la eliminación reductiva del auxiliar quiral con borohidruro de sodio el alcohol primario obtenido se oxida al correspondiente aldehído E con DMSO activado con el complejo trióxido de azufre-piridina (oxidación de Parikh-Döering). La reacción de Wittig del aldehído E con el iluro estabilizado de trifenilfosforano de etoxicarboniletilideno F proporcionó estereoselectivamente (*E:Z* > 95:5) el correspondiente éster α,β-insaturado D. Para llevar a cabo la introducción del segundo doble enlace el éster D fue reducido con DIBAL al alcohol alílico P, el cual fue oxidado con dióxido de manganeso en éter etílico al aldehído α,β-insaturado B. Finalmente este aldehído fue convertido en la molécula objetivo A por olefinación de Wittig con el yoduro de (yodometil)trifenilfosfonio C en presencia de NaHMDS y DMPU en THF, con una relación de estereoisómeros *Z:E* de 95:5.

Bibliografía.

1) J. Clayden, N. Greeves, S. Warren, *Organic Chemistry*, 2nd Edition, Oxford University Press, Oxford, **2012**, pág. 689-693 (reacción de Wittig) y 1129-1130 (reacción aldólica de Evans).

2) M. J. Martín *et al. J. Am. Chem. Soc.* **2013**, *135*, 10164-10171.

3) P. Phukan, S. Sasmal, M. E. Maier, *Eur. J. Org. Chem.* **2003**, 1733-1740.

4) A. Jenmalm *et al. J. Org. Chem.* **1994**, *59*, 1139-1148.

140. El (*S*)-propanolol es un fármaco β-bloqueante que se emplea para reducir la presión ocular. Diseña una síntesis del (*S*)-propanolol (A) a partir de 1-naftol (SM)

(*S*)-A   SM

La comparación de las estructuras del (*S*)-propanolol (*S*)-A y del 1-naftol de partida (SM) nos indica que en esta síntesis se trata de transformar el grupo hidroxilo fenólico del 1-naftol en un grupo éter formando parte de una cadena hidrocarbonada con la estructura característica de los fármacos con actividad β-bloqueante (3 heteroátomos, O, O, N, unidos a átomos de carbono consecutivos).

Generalmente la síntesis de este tipo de agrupaciones se suele resolver utilizando epiclorhidrina como reactivo (véase ejercicios 146-150). Por lo tanto, la primera desconexión (a) del tipo 1,2-diX nos conduce al epóxido B, sobre el cual hacemos una segunda desconexión (b) de tipo C-O vinculada a una síntesis de Williamson que nos conduce al 1-naftol de partida (SM) y (*S*)-epiclorhidrina (*S*)-C.[1]

A   B

No obstante, en este ejercicio vamos a utilizar una estrategia diferente para introducir la cadena lateral de tres átomos de carbono. El análisis retrosintético se inicia, al igual que en la estrategia estándar, con una desconexión (a) del tipo 1,2-diX que nos conduce al epóxido B. A continuación, sobre este epóxido se hace una desconexión (c) de tipo C-O asociada a una reacción de Mitsunobu[2] que nos conduce al diol D. A partir de este diol D, y mediante interconversión de grupo funcional a aldehído y desconexión (d) de tipo C-O vinculada a la reacción de α-aminohidroxilación de aldehídos como método de introducción de quiralidad llegamos al aldehído E.[3] Seguidamente con una interconversión del grupo aldehído a hidroxilo y desconexión (e) de tipo C-O (éter) llegamos al 1-naftol de partida (SM) y 3-bromopropan-1-ol (G).

Alternativamente, dado que en el aldehído E la función oxigenada ocupa la posición β con respecto al aldehído (relación 1,3-) se podría aplicar directamente una desconexión 1,3-diX vinculada a una adición conjugada del 1-naftol (SM) a la acroleína (H).

Así pues, la secuencia sintética es la siguiente:[4] En primer lugar, la alquilación del 1-naftol (SM) con el 3-bromopropan-1-ol (G) en presencia de NaOH acuoso permite obtener el éter F. Posteriormente, la oxidación del alcohol primario de F con ácido 2-yodoxibenzoico (IBX) en DMSO da lugar al aldehído E. A partir del aldehído E se llevan a cabo tres reacciones consecutivas. En primer lugar, reacción con nitrosobenceno en presencia de L-prolina que actúa como organocatalizador inductor de la quiralidad, a continuación, reducción del aldehído con $NaBH_4$ y finalmente hidrogenólisis utilizando Pd/C permite la obtención del diol enantioméricamente puro D. A partir de este compuesto D, por reacción de Mitsunobu con PPh_3 y DIAD, se obtiene el epóxido quiral B. Finalmente la apertura nucleofílica del epóxido B con isopropilamina conduce a la molécula objetivo A, el (S)-propanolol.

Bibliografía.

1) M. Saquib, M. F. Khan, J. Singh, B. Khan et al. *Sustain. Chem. Process.* **2022**, *30*, 100860.

2) J. Clayden, N. Greeves, S. Warren, *Organic Chemistry*, 2nd Edition, Oxford University Press, Oxford, **2012**, pág. 349-351.

3) Y. Hayashi, J. Yamaguchi, K. Hibino, M. Shoji, *Tetrahedron Lett.* **2003**, *44*, 8293-8296.

4) S. P. Panchgalle, R. G. Gore, S. P. Chavan, U. R. Kalkote, *Tetrahedron: Asymmetry* **2009**, *20*, 1767-1770.

141. La venlafaxina (A) es un fármaco antidepresivo que actúa como inhibidor de la recaptación de serotonina y norepinefrina. Diseña una síntesis de venlafaxina (A) a partir de ciclohexanona (SM) y cualquier otro material de partida necesario (C$_7$ máximo).

La presencia en la molécula de venlafaxina (A) de un alcohol terciario nos ofrece la posibilidad de una primera desconexión vinculada a la reacción de adición de un nucleófilo carbaniónico a la ciclohexanona (desconexión 1,3-diO).[1] Ahora bien, para poder generar el nucleófilo carbaniónico se requiere la presencia en posición α de un grupo electrón-atrayente, tal como el ciano, el cual se puede interconvertir con facilidad con el grupo dimetilamino presente en la molécula objetivo A.

Así pues, se inicia el análisis retrosintético con una primera desconexión (a) de tipo C-N (amina), vinculada a una reacción de aminación reductiva con formaldehído,[1] que nos conduce a la amina primaria B, la cual por interconversión de grupo funcional nos lleva al nitrilo C. En este compuesto con una agrupación hidroxinitrilo hacemos la desconexión (b) de tipo 1,3-diO que nos conduce a la ciclohexanona (SM) y al nitrilo D. Con una desconexión C-C, vinculada a una sustitución nucleofílica, llegamos al cloruro de *para*-metoxibencilo (E), en el que hacemos una nueva desconexión C-C, vinculada a una reacción de clorometilación del anisol (F).[2]

Así pues, la secuencia sintética es la siguiente:[3,4] el anisol (F) se somete a una reacción de clorometilación utilizando *para*-formaldehído en presencia de cloruro de hidrógeno (HCl). El producto *para*-sustituido E se trata posteriormente con cianuro sódico (NaCN) para llevar a cabo la reacción de sustitución nucleofílica, obteniendo así el nitrilo D. El tratamiento de este producto con una base fuerte, como metóxido sódico, permite desprotonar la posición en α al grupo ciano y generar así el nucleófilo carbaniónico. Este se hace reaccionar con ciclohexanona (SM) para generar el hidroxinitrilo C mediante la formación de un nuevo enlace C-C. Una hidrogenación del producto C en presencia de un catalizador de rodio permite obtener la amina primaria B. Finalmente, una doble aminación reductiva de esta amina con formaldehído da como resultado el compuesto buscado A.

Bibliografía.

1) J. Clayden, N. Greeves, S. Warren, *Organic Chemistry*, 2nd Edition, Oxford University Press, Oxford, **2012**, pág. 614 (adición de un carbanión a una cetona) y 234 (aminación reductiva).

2) F. A. Carey, R. J. Sundberg, *Advanced Organic Chemistry*, Part B, 5th Edition, Springer, New York, **2007**, pág. 1023 (reacción de clorometilación).

3) U. B. Gokhale, C. Parenky. A process for the manufacture of Venlafaxine and intermediates thereof. WO Patent 2006/035457 A1, **2006**.

4) M. Saravanan, B. Satyanarayana, P. P. Reddy, *Org. Process. Res. Dev.* **2011**, *15*, 1392-1395.

142. La (-)-venlafaxina (A) es un antidepresivo que actúa como inhibidor de la recaptación de norepinefrina. Diseña una síntesis de (-)-venlafaxina (A) a partir de ciclohexanona (SM) y cualquier otro material de partida necesario (C_8 máximo).

(-)-A   SM

y cualquier otro material de partida necesario (C_8 máx.)

En la síntesis de la Venlafaxina (A) racémica que hemos visto en el ejercicio anterior la etapa clave consistía en la adición nucleofílica del carbanión generado en posición α a un nitrilo a la ciclohexanona[1] que reaccionaba como electrófilo (Esquema 1). El nitrilo, además de facilitar la formación del carbanión, también se puede transformar fácilmente en el grupo dimetilamino, por reducción a $-CH_2NH_2$ y posterior aminación reductiva[1] con formaldehído.

Otro método general de sintetizar una amina primaria es por reducción de un grupo nitro. Por esta razón podemos plantear un análisis retrosintético diferente al descrito en el ejercicio anterior en el que esté implicado un compuesto con un grupo nitro. Así pues, se inicia el análisis retrosintético con una primera desconexión (a) de tipo C-N (amina), vinculada a una aminación reductiva, que nos conduce a la amina primaria B, la cual por interconversión de grupo funcional nos lleva al nitrocompuesto C.

En este compuesto C no es posible hacer una desconexión directa del anillo de ciclohexano puesto que el átomo de carbono del grupo carbonilo y el átomo en posición β al grupo nitro en un nitroalqueno son ambos electrofílicos (Esquema 2). Necesitamos hacer una transferencia de la función oxigenada situada en el anillo de ciclohexano a la posición contigua (Esquema 3).

Esquema 1   Esquema 2   Esquema 3

Este tipo de transferencias se suelen llevar a cabo utilizando un epóxido como producto intermedio. Así pues, continuamos el análisis retrosintético con la mencionada transferencia de funcionalidad, la cual nos conduce inicialmente al epóxido D y después a la cetona E. Finalmente una desconexión (b) de tipo C-C, vinculada a la adición de un enolato a un nitroalqueno,[2] nos conduce a la ciclohexanona (SM) y al *para*-metoxinitroestireno (F). En este último compuesto, mediante una desconexión 1,3-NO llegamos al *para*-metoxibenzaldehído (G) y nitrometano (H).

Así pues, la secuencia conducente a la síntesis de (-)-venlafaxina (A) es la siguiente:[3] la reacción de condensación entre *para*-metoxibenzaldehído (G) y nitrometano (H) en presencia de acetato amónico permite obtener el nitroestireno F. La adición enantioselectiva de ciclohexanona (SM) al nitroestireno F puede ser catalizada por una amina derivada de prolina (Cat.), produciendo la nitrocetona E con un 99% de exceso enantiomérico. Este organocatalizador (Cat.) aumenta la nucleofilia de la posición α de la cetona mediante la formación de la correspondiente enamina, la cual se adiciona al nitroestireno F de forma estereoselectiva. El carbonilo de cetona de E se reduce con NaBH$_4$, mientras que la combinación de este mismo reductor con NiCl$_2$ permite reducir el grupo nitro a la amina primaria correspondiente, la cual se protege con un grupo Cbz para obtener el aminoalcohol I. Para obtener el alqueno buscado, el grupo hidroxilo se hace reaccionar con cloruro de mesilo y el mesilato obtenido se trata con DBU para llevar a cabo la reacción de eliminación, obteniéndose el alqueno más sustituido J. El grupo NH del carbamato se metila en este momento de la síntesis mientras que el doble enlace se puede oxidar con ácido *m*-cloroperbenzoico para obtener el epóxido K. El tratamiento de este intermedio con LiAlH$_4$ permite generar el alcohol terciario deseado mediante una reacción de apertura reductiva del epóxido, y a su vez convertir el grupo -N(Me)Cbz en el grupo dimetilamino presente en el producto final A.

En el esquema retrosintético anterior el paso clave es la desconexión del enlace que une el anillo de ciclohexano al resto de la molécula. Se puede plantear un segundo esquema en el que la etapa clave sea la desconexión del anillo aromático del resto de la molécula.

1er análisis retrosintético   2º análisis retrosintético

Así el segundo análisis retrosintético se inicia con una desconexión (a) de tipo 1,2 C-C vinculada a la reacción de apertura de un epóxido por el ataque de un reactivo de Grignard lo que nos conduce al organomagnesiano B y al epóxido C.[2] En este compuesto C también está presente la agrupación dimetilamino que podría proceder del correspondiente alcohol primario D (previa transformación del hidroxilo en un buen grupo saliente) y además el epóxido procedería de un doble enlace con lo que llegamos al compuesto E. Teniendo en cuenta que el alcohol E es alílico la formación del epóxido D se llevará a cabo utilizando la epoxidación enantioselectiva de Sharpless.[1] Se continua el análisis retrosintético con la interconversión del alcohol alílico al éster α,β-insaturado F, en el que haremos una última desconexión (b) de tipo C=C vinculada a una reacción de Wittig[1] que nos conduce a la ciclohexanona (SM) y al iluro G.

La secuencia conducente a la síntesis de (-)-venlafaxina (A) derivada de este segundo análisis retrosintético es la siguiente:[4] la ciclohexanona (SM) se trata con el iluro G para obtener el éster α,β-insaturado F. La reducción del grupo éster con Red-Al permite obtener el alcohol alílico E, el cual es un sustrato adecuado para llevar a cabo una epoxidación enantioselectiva de Sharpless. Tras la epoxidación, el grupo hidroxilo de D se transforma en un buen grupo saliente convirtiéndolo en el correspondiente mesilato por reacción con cloruro de mesilo/trietilamina. A partir del mesilato podremos introducir el grupo dimetilamino necesario por desplazamiento nucleofílico con dimetilamina para obtener la amina terciaria C. Finalmente, la apertura del epóxido con el reactivo de Grignard B permite formar el nuevo enlace C-C por ataque nucleofílico a la posición menos sustituida del epóxido y obtener la (-)-venlafaxina (A).

Bibliografía.

1) J. Clayden, N. Greeves, S. Warren, *Organic Chemistry*, 2nd Edition, Oxford University Press, Oxford, **2012**, pág. 614 (adición de un carbanión a una cetona), 234 (aminación reductiva), 1120 (epoxidación enantioselectiva de Sharpless) y 627 (reacción de Wittig).

2) F. A. Carey, R. J. Sundberg, *Advanced Organic Chemistry*, Part B, 5th Edition, Springer, New York, **2007**, pág. 186 (adición de Michael a acrilonitrilo) y 772-778 (apertura de epóxidos).

3) S. P. Chavan, S. Garai, K. P. Pawar, *Tetrahedron Lett.* **2013**, *54*, 2137-2139.

4) S. P. Chavan, K. P. Pawar, S. Garai, *RSC Adv.* **2014**, *4*, 14468.

143. La gabapentina (A) es un análogo lipofílico del ácido γ-aminobutírico (GABA) que se prescribe como anticonvulsivo para el tratamiento de la epilepsia. Diseña una síntesis de gabapentina (A) a partir de ciclohexanona (SM).

Al comparar la estructura de la molécula objetivo A con la de la ciclohexanona de partida (SM) observamos que se trata de incorporar un grupo -CH$_2$NH$_2$ y otro -CH$_2$COOH en la posición ocupada por el grupo carbonilo de la ciclohexanona. La síntesis de una amina primaria se puede llevar a cabo por reducción de un grupo nitro o de un grupo nitrilo. En este ejercicio lo vamos a hacer por reducción de un nitrilo, ya que en la molécula está presente la agrupación –CH$_2$NH$_2$.[1]

Por lo tanto, se inicia el análisis retrosintético con una interconversión de grupo funcional (IGF) de -CH$_2$NH$_2$ a nitrilo con lo que tendríamos el compuesto B. A continuación, hacemos una desconexión (a) de tipo 1,3 C-C, compatible con una reacción de adición conjugada de cianuro a un compuesto carbonílico α,β-insaturado C. Con el objeto de facilitar esta adición conjugada, en el compuesto C hacemos una adición de grupo funcional, de un nitrilo, por ejemplo, con lo que llegamos al compuesto D, en el que, finalmente, hacemos una desconexión 1,3-diO, vinculada a una reacción de Knoevenagel,[2] que nos conduce a la ciclohexanona (SM) y cianoacetato de etilo (E).

De acuerdo con este análisis retrosintético se ha descrito[3] una síntesis que se inicia con la condensación de Knoevenagel entre el cianoacetato de etilo (E) y la ciclohexanona (SM) en presencia de piperazina para dar lugar al compuesto F. Sobre este se produce la adición conjugada del cianuro en medio etanol/agua. Simultáneamente a esta adición se produce la hidrólisis del éster y la descarboxilación del ácido resultante obteniéndose directamente el bis nitrilo B, que se transforma en el bencilléster G mediante una reacción de Pinner.[4]

En este punto, en el compuesto G se puede llevar a cabo simultáneamente la reducción del grupo ciano a amina y la hidrogenólisis del éster bencílico por tratamiento con hidrógeno en presencia de rodio sobre carbono, obteniéndose directamente la gabapentina (A).

Se puede plantear un segundo análisis retrosintético teniendo presente otro método general de síntesis de aminas, como es la reacción de degradación de Hofmann (o similar) de amidas.[1] Así pues, se inicia el análisis retrosintético con una interconversión de grupo funcional de amina a amida con lo que llegamos al compuesto H, sobre el que hacemos una nueva IGF para obtener el anhídrido I. Finalmente, en I hacemos una doble desconexión (a) de tipo 1,3-diO con lo que llegamos a la ciclohexanona (SM) y a cianoacetato de etilo (E).

Siguiendo este segundo análisis retrosintético se ha llevado a cabo la siguiente síntesis:[5] La ruta sintética comienza con la formación de la sal de Guareshi (J) por reacción de Knoevenagel entre el cianoacetato de etilo (E) y la ciclohexanona (SM) seguida de una segunda adición de E y la formación de la sal de la imida J en medio amoníaco/etanol. El tratamiento de J con ácido sulfúrico produce la hidrólisis y descarboxilación de los grupos nitrilo. Asimismo, la imida se hidroliza dando lugar al diácido que, por reacción con anhídrido acético formará el anhídrido I. La posterior reacción de metanólisis del anhídrido conduce al hemiéster K. Este se transforma en el correspondiente cloruro de ácido que, en presencia de azida de sodio genera la correspondiente acilazida, que por calentamiento experimenta una transposición de Curtius para dar el isocianato L. Por último, la hidrólisis ácida de este grupo y del éster, seguida de intercambio iónico, genera la gabapentina (A).

Bibliografía.

1) J. Clayden, N. Greeves, S. Warren, *Organic Chemistry*, 2nd Edition, Oxford University Press, Oxford, **2012**, pág. 716 (reducción de nitriles) y 1022 (degradación de Hofmann).

2) F. A. Carey, R. J. Sundberg, *Advanced Organic Chemistry*, Part B, 5th Edition, Springer, New York, **2007**, pág. 147-148.

3) G. Griffiths, H. Mettler, L. S. Mills, F. Previdoli, *Helv. Chim. Acta* **1991**, *74*, 309-314.

4) M. B. Smith, J. March, *March's Advanced Organic Chemistry*, 6th Edition, John Wiley and Sons, Hoboken, New Jersey, **2007**, pág. 1275.

5) J. S. Bryans, D. J. Wustrow, *Med. Res. Rev.* **1999**, *19*, 149-177.

144. La pregabalina (A) es un análogo lipofílico del ácido γ-aminobutírico (GABA) que se prescribe para el tratamiento de diversos desordenes del sistema nervioso, tales como ansiedad o epilepsia. Diseña una síntesis de pregabalina (A) a partir de 3-metilbutanal (SM) y cualquier otro material de partida necesario.

y cualquier otro material de partida necesario

Al comparar la estructura de la molécula objetivo A con la del 3-metilbutanal de partida (SM) observamos que se trata de incorporar un grupo -CH$_2$NH$_2$ y otro -CH$_2$COOH en la posición ocupada por el grupo carbonilo del 3-metilbutanal. Por lo tanto, tenemos dos posibilidades para iniciar el análisis retrosintético según cual sea la cadena que desconectemos en primer lugar.

Uno de los métodos más frecuentes para sintetizar una amina primaria suele ser la reducción de un grupo nitro. Por lo tanto, se puede iniciar el primer análisis retrosintético con una interconversión de grupo funcional (IGF) de amina a nitro con lo que tendríamos el compuesto B. A continuación, haríamos una desconexión (a) de tipo 1,4-diCO, compatible con una reacción de adición de nitrometano a un éster α,β-insaturado. Ahora bien, para facilitar esta reacción es conveniente hacer previamente una adición de grupo funcional que nos conduce al diéster C, sobre el que hacemos la desconexión 1,4-diCO, que nos conduce al diéster α,β-insaturado D y nitrometano (E). Finalmente, en D hacemos una desconexión (b) de tipo 1,3-diO vinculada a una reacción de tipo aldólico entre el 3-metilbutanal (SM) y malonato de etilo (F).

El segundo análisis retrosintético se inicia de la misma manera que el anterior hasta llegar al compuesto C. A continuación, hacemos una desconexión (a) de tipo 1,4-diCO, compatible con una reacción de adición del malonato de etilo (F) al nitroalqueno G. Y finalmente, en G hacemos una desconexión (b) vinculada a una reacción de Henry entre el 3-metilbutanal (SM) y nitrometano (E).

De acuerdo con el primer análisis retrosintético se ha descrito la siguiente síntesis:[1] El tratamiento del 3-metilbutanal (SM) con malonato de metilo (F) en presencia de piperidina (reacción de Knoevenagel) da lugar al diéster α,β-insaturado D. La adición conjugada de nitrometano (E) al alqueno D, conduce al compuesto C. La reducción del grupo nitro con H_2 en presencia Pd/C, conduce a la lactama H, proveniente de una ciclación intramolecular de la correspondiente amina. Finalmente, el tratamiento del compuesto H con HCl a reflujo permite obtener, mediante una hidrólisis-descarboxilación y posterior neutralización, la molécula objetivo A.

También, se ha descrito una síntesis[2] en la que en lugar de adicionar el carbanión CH_2NO_2 a la posición β del diéster D, se adiciona el radical CH_2NH_2 generado a partir de la glicina protegida en forma de Boc I en condiciones de catálisis foto-redox. La reacción entre el derivado de glicina I y el alqueno D, en presencia del fotocatalizador de iridio J e irradiación con luz visible, permite obtener el compuesto K. Finalmente, el tratamiento en primer lugar con KOH que permite la saponificación de los grupos éster y posteriormente el tratamiento con HCl, rinde la pregabalina (A).

Siguiendo un esquema sintético similar al primero se ha descrito una síntesis de (S)-pregabalina, cuya etapa clave es una adición diastereoselectiva de nitrometano (E) a una amida O derivada de la oxazolidinona quiral N.[3] La secuencia sintética se inicia con una reacción de Koevenagel-Doebner-Stobbe entre el 3-metilbutanal con ácido malónico (L) que da lugar al ácido 5-metilhexan-2-oico (M), a partir del cual se prepara la amida α,β-insaturada quiral O, por reacción del correspondiente cloruro con la oxazolidinona quiral N. A continuación, a la amida α,β-insaturada O se le adiciona nitrometano (E), obteniendo el compuesto quiral P. Su hidrólisis en medio básico rinde el ácido Q, que por reducción del grupo nitro con H_2/Pd da lugar a la (S)- pregabalina.

De acuerdo con el segundo análisis retrosintético se puede formular la siguiente síntesis: La reacción del 3-metilbutanal con nitrometano en medio básico, y su posterior tratamiento con Ac$_2$O/piridina, da lugar al nitroalqueno G. Este alqueno G, se hace reaccionar con el malonato de dietilo (F) en presencia de una base como EtONa conduciendo al compuesto C, el cual da lugar a la lactama H por reducción del grupo nitro con H$_2$ en presencia de un catalizador de Pd/C. Finalmente, la hidrólisis y descarboxilación del compuesto H por tratamiento con HCl, rinde el compuesto A.

Siguiendo este segundo esquema sintético se ha llevado a cabo[4] una síntesis altamente enantioselectiva de (S)-pregabalina (S)-A, siendo la etapa clave la adición de Michael asimétrica de malonato de etilo (F) al nitroalqueno G catalizada por la urea quiral R obteniéndose el compuesto (S)-C con un exceso enantiomérico del 88%. A partir de este compuesto se llega de forma similar a la descrita con anterioridad a la (S)-pregabalina.

También se ha descrito[5] una síntesis enantioselectiva de (S)-pregabalina (S)-A, utilizando como etapa clave la adición de Michael asimétrica del ácido de Meldrum (S) al nitroalqueno (G) catalizada por la tiourea derivada de la quinidina T permitiendo preparar la (S)-pregabalina con un exceso enantiomérico del 75%.

Otro de los métodos frecuentes para sintetizar una amina primaria es la reducción de un grupo ciano. De hecho, la reducción del grupo ciano conduce a la agrupación -CH$_2$NH$_2$. Por lo tanto, se puede iniciar un tercer análisis retrosintético con una IGF de amina a ciano con lo que tendremos el compuesto U. A continuación, al igual que en el primer análisis retrosintético, hacemos una adición de grupo funcional que nos conduce al diéster V, sobre el que hacemos una desconexión 1,4-diCO, que nos conduce al diéster α,β-insaturado D, vinculada a una reacción de hidrocianación conjugada a un éster α,β-insaturado. Finalmente, en D hacemos una desconexión (b) de tipo 1,3-diO vinculada a una reacción de tipo aldólico entre el 3-metilbutanal (SM) y malonato de etilo (F).

De acuerdo con este tercer análisis se ha descrito la siguiente síntesis:[6] La condensación del isovaleraldehído (SM) con el malonato de dietilo (F) utilizando dipropilamina y ácido acético conduce al diéster α,β-insaturado D. La adición conjugada de KCN al doble enlace, permite obtener el β-ciano diéster V. Posteriormente, la reacción de Krapcho (NaCl en DMSO-agua), da lugar al β-ciano éster W. Finalmente la saponificación seguida de la hidrogenación catalítica (Ni Raney), rinde pregabalina A.

Siguiendo un esquema sintético similar se ha descrito una síntesis quimioenzimática[7] de (S)-pregabalina A utilizando como etapa clave una resolución cinética enzimática del compuesto V. La secuencia sintética es la siguiente: La hidrólisis parcial del diéster V utilizando una lipolasa, permite obtener una mezcla de diastereoisómeros X, la cual por tratamiento con calor sufre la descarboxilación dando lugar al β-ciano éster (S)-Y. Finalmente, a partir del compuesto (S)-Y se llega de forma similar a la descrita con anterioridad a la (S)-pregabalina A.

Bibliografía

1) H. Ishitani, *et. al.*, *Eur. J. Org. Chem.* **2017**, 6491-6494.

2) L. Chu, C. Ohta, Z. Zuo, D. W. C. MacMillan, *J. Am. Chem. Soc.* **2014**, *136*, 10886-10889.

3) C. He, *et. al., Synth. Commun.* **2021**, *51*, 2034-2040.

4) J.-M. Liu, *et. al., Tetrahedron*, **2011**, *67*, 636-640.

5) O. Bassas, J. Huuskonen, K. Rissanen, A. M. P. Koskinen, *Eur. J. Org. Chem.* **2009**, 1340-1351.

6) M. S. Hoekstra, *et. al., Org. Process Res. Dev.* **1997**, *1*, 26-38.

7) C. A. Martínez, *et. al., Org. Process Res. Dev.* **2008**, *12*, 392-398.

145. El baclofeno (A) es un análogo lipofílico del ácido γ-aminobutírico (GABA) que se prescribe como antiespasmódico. Diseña una síntesis de baclofeno (A) a partir de para-clorobenzaldehído (SM) y cualquier otro material de partida necesario.

Al comparar la estructura de la molécula objetivo A con la del *para*-clorobenzaldehído de partida (SM) observamos que se trata de incorporar un grupo -CH$_2$NH$_2$ y otro -CH$_2$COOH en la posición ocupada por el grupo carbonilo del *para*-clorobenzaldehído. Por lo tanto, al igual que en el ejercicio anterior, tenemos dos posibilidades para iniciar el análisis retrosintético según cual sea la cadena que desconectemos en primer lugar.

Uno de los métodos más frecuentes para sintetizar una amina primaria suele ser la reducción de un grupo nitro. Por lo tanto, se puede iniciar el primer análisis retrosintético con una interconversión de grupo funcional (IGF) de amina a nitro con lo que tendríamos el compuesto B. También hacemos la IGF de ácido carboxílico a éster etílico C. A continuación, haríamos una desconexión (a) de tipo 1,4-diCO, compatible con una reacción de adición de nitrometano (E) a un grupo éster α,β-insaturado D. Finalmente, en D hacemos una desconexión (b) de tipo 1,3-diO vinculada a una reacción de tipo aldólico entre el *para*-clorobenzaldehído (SM) y malonato de etilo (F).

El segundo análisis retrosintético se inicia de la misma manera que el anterior hasta llegar al compuesto C. A continuación, hacemos una desconexión (c) de tipo 1,4-diCO, vinculada a una reacción de adición del malonato de etilo (F) al nitroalqueno G. Y finalmente, en G hacemos una desconexión (d) vinculada a una reacción de Henry entre el *para*-clorobenzaldehído (SM) y nitrometano (E).

De acuerdo con el primer análisis retrosintético se ha descrito una síntesis diastereoselectiva de (R)-baclofeno, en la que la etapa clave es la adición conjugada diastereoselectiva de nitrometano (E) a una oxazolidinona α,β-insaturada quiral K.[1] Así, la condensación de tipo Knoevenagel entre el *para*-clorobenzaldehído (SM) y el ácido malónico (H) conduce al derivado del ácido cinámico I. El ácido carboxílico se convierte en el correspondiente cloruro de ácido, utilizando cloruro de oxalilo, y éste se hace reaccionar con una oxazolidin-2-ona quiral J. La adición de nitrometano (E) a la oxazolidinona α,β-insaturada quiral K catalizada por tetrametilguanidina (TMG) conduce al aducto L de forma diastereoselectiva. Reducción del grupo nitro e hidrólisis de la oxazolidinona permite obtener el (R)-baclofeno.

Siguiendo el primer análisis retrosintético también se han descrito varias síntesis enantioselectivas de (R)-baclofeno. En una de ellas,[2] se llevó a cabo la adición de nitrometano a *para*-clorocinamato de metilo (M) catalizada por tetrametilguanidina para obtener el γ-nitroéster N racémico. Este intermedio fue sometido a una hidrólisis enzimática utilizando α-quimotripsina. Este procedimiento permite recuperar el éster sin reaccionar de forma enantiopura al detener la reacción poco después del 50% de conversión. Hidrólisis del éster de (R)-N y reducción del grupo nitro utilizando Ni Raney proporcionó el compuesto deseado.

En una segunda síntesis enantioselectiva,[3] la etapa clave es la adición conjugada asimétrica organocatalítica de nitrometano (E) al aldehído α,β-insaturado O catalizada por (R)-trimetilsilildifenilprolinol obteniéndose el compuesto P con un exceso enantiomérico del 96%. El aldehído P se pudo oxidar al correspondiente ácido carboxílico enantipuro (R)-B, cuya reducción utilizando niquel Raney condujo al producto buscado.

Siguiendo el segundo análisis retrosintético se ha llevado a cabo una síntesis enantioselectiva de (R)-baclofeno, (R)-A, siendo la etapa clave la adición de Michael asimétrica de malonato de etilo (F) al nitroalqueno (G) catalizada por una tiourea quiral (cat. Q), obteniéndose el compuesto R con un exceso enantiomérico del 94% (>99% tras una recristalización).[4]

La reducción del grupo nitro utilizando NaBH$_4$ y NiCl$_2$, conduce a la γ-lactama correspondiente S, la cual se somete a hidrólisis y descarboxilación para dar el producto buscado.

También se ha descrito,[5] partiendo de *para*-clorobenzaldehído, la síntesis enantioselectiva del compuesto R-(A) mediante una transformación multicomponente con nitrometano y malonato de metilo en presencia de una urea derivada de un alcaloide de la *Cinchona* anclada a un material silíceo mesoporoso.

Bibliografía.

1) J.-H. Kuo, W.-C. Wong, US20120029230, **2012**.

2) F. Felluga, V. Gombac, G. Pitacco, E. Valentin, *Tetrahedron: Asymmetry* **2005**, *16*, 1341-1345.

3) L. Zu, *et. al., Adv. Synth. Catal.* **2007**, *349*, 2660-2664.

4) T. Okino, *et. al., J. Am. Chem. Soc.* **2005**, *127*, 119–125.

5) A. Leyva-Pérez, P. García-García, A. Corma, *Angew. Chem. Int. Ed.* **2014**, *53*, 8687-8690.

146. El carteolol (A) es un fármaco β-bloqueante que se emplea para reducir la presión ocular. Diseña una síntesis de carteolol (A) a partir de 5-hidroxi-3,4-dihidroquinolin-2(1H)-ona (SM) y cualquier otro material de partida necesario.

y cualquier otro material de partida necesario

La comparación de las estructuras de la molécula objetivo A y de la quinolona de partida (SM) nos indica que en esta síntesis se trata de transformar el hidroxilo fenólico del material de partida en un grupo éter formando parte de una cadena hidrocarbonada con una estructura muy característica (3 heteroátomos, O, O, N, unidos a átomos de carbono consecutivos o dicho de otra manera dos agrupaciones 1,2-diX consecutivas).

La síntesis de este tipo de agrupaciones se suele resolver utilizando epiclorhidrina como reactivo. Por lo tanto, la primera desconexión (a) del tipo 1,2-diX nos conduce al epóxido B. A continuación, una segunda desconexión (b) del tipo C-O, vinculada a la síntesis de Williamson, nos conduce a la 5-hidroxi-3,4-dihidroquinolin-2(1H)-ona de partida (SM) y a epiclorhidrina (C)

Así pues, la secuencia sintética es la siguiente: el tratamiento de la 5-hidroxi-3,4-dihidroquinolin-2(1H)-ona de partida (SM) con la epiclorhidrina C en presencia de NaOH, da lugar al compuesto B por sustitución nucleofílica. La apertura del epóxido del compuesto B utilizando isopropilamina permite obtener el compuesto objetivo A.

Ahora bien, hay que tener en cuenta que la reacción del hidroxilo fenólico del material de partida SM con la epiclorhidrina tiene lugar en dos etapas: en primer lugar, se produce un ataque nucleofílico del fenóxido sobre el carbono menos sustituido del epóxido provocando la apertura de este y a continuación el alcóxido formado da lugar a una sustitución nucleofílica intramolecular desplazando el cloruro y dando lugar a la formación de un nuevo epóxido.[1]

En algunas ocasiones la sustitución nucleofílica intramolecular no tiene lugar completamente, obteniéndose una mezcla de los productos B y C. En estos casos, la mezcla obtenida, por tratamiento con diferentes reactivos, como por ejemplo LiCl/AcOH, se puede transformar completamente en el producto C, sobre el cual se lleva a cabo la sustitución nucleofílica con isopropilamina.[2]

Como se puede observar, la estructura de la cadena lateral del carteolol es idéntica a la de otros fármacos con actividad β-bloqueante. En esta cadena lateral, el carbono que soporta el grupo hidroxilo es quiral. Es por tanto de enorme interés disponer de síntesis enantioselectivas de estos productos. En el caso del carteolol se ha descrito la resolución de la clorhidrina racémica C, utilizando lipasa B de *Candida antarctica* (CALB) y butanoato de vinilo como dador de grupo acilo. En estas condiciones, el enantiómero (*S*) de la clorhidrina se transforma en el correspondiente butanoato (*S*)-D mientras que el enantiómero (*R*) permanece inalterado.

La reacción de este enantiómero (*R*) con isopropilamina da lugar a la formación del (*S*)-carteolol.

(*R*)-C

(*S*)-carteolol

La reacción de (*R*)-C con isopropilamina es una sustitución sobre el carbono primario que soporta el átomo de cloro, sin que intervenga el grupo hidroxilo unido al átomo de carbono secundario quiral. Por lo tanto, se mantiene la configuración del carbono secundario. El cambio en el descriptor de la configuración de (*R*)-C a (*S*)-carteolol se debe a un cambio en el orden de prioridad de los sustituyentes según las reglas de Cahn-Ingold-Prelog (un átomo de cloro se remplaza por un átomo de nitrógeno).

Bibliografía.

1) J. Clayden, N. Greeves, S. Warren, *Organic Chemistry*, 2nd Edition, Oxford University Press, Oxford, **2012**; pág. 704.

2) M- A. Gundersen, *et al. Catalysts*, **2021**, *11*, 503.

147. El timolol (A) es un fármaco β-bloqueante de uso oftálmico que se emplea para reducir la presión intraocular. Diseña una síntesis de timolol (A) a partir de 3,4-dicloro-1,2,5-tiadiazol (SM) y cualquier otro material de partida neceario.

La comparación de las estructuras del timolol (A) y del tiadiazol de partida (SM) nos indica que en esta síntesis se trata de reemplazar uno de los átomos de cloro del material de partida por un anillo de morfolina y el segundo átomo de cloro por una cadena hidrocarbonada con la estructura característica de los fármacos con actividad β-bloqueante (3 heteroátomos, O, O, N, unidos a átomos de carbono consecutivos).

Como ya se ha visto en el ejercicio anterior la síntesis de este tipo de agrupaciones se suele resolver utilizando epiclorhidrina como reactivo. Por lo tanto, se puede hacer un análisis retrosintético idéntico al del carteolol. De hecho, se ha descrito la síntesis de ambos enantiómeros del timolol siguiendo esta estrategia utilizando epiclorhidrina quiral.[1]

En este ejercicio vamos a utilizar una estrategia diferente para introducir la cadena lateral de tres átomos de carbono. El análisis retrosintético se inicia, al igual que en la estrategia estándar, con una desconexión (a) del tipo 1,2-diX que nos conduce al epóxido B. A continuación, sobre este epóxido se hace una desconexión (b) de tipo C-O que nos conduce a la clorhidrina C y seguidamente una interconversión de grupo funcional de hidroxilo a carbonilo nos proporciona la cetona D. Sobre esta cetona se aplica una desconexión (c) de tipo C-O (éter) que nos conduce al compuesto E y a la 1,3-dicloropropanona (F). Es esta cetona (F) la que proporciona los tres átomos de carbono de la cadena lateral, es decir hace de equivalente de la epiclorhidrina de la secuencia estándar. A partir del compuesto E, se hacen dos desconexiones sucesivas C-O y C-N, vinculadas a reacciones de sustitución nucleofílica sobre el anillo de tiadiazol, que nos conducen al material de partida (SM).

Así pues, la secuencia sintética[2] es la siguiente: El 3,4-dicloro- 1,2,5-tiadiazol (SM) reacciona con morfolina y con hidróxido de sodio en dimetilsulfóxido mediante reacción de sustitución nucleofílica aromática proporcionando el compuesto E. En la etapa siguiente, el grupo hidroxilo de este tiadiazol E ataca a la dicloroacetona F en presencia de bicarbonato de sodio para dar lugar, por sustitución nucleofílica en el carbono α al grupo carbonilo, a la clorocetona D. La reducción asimétrica de la cetona D al correspondiente alcohol secundario se lleva a cabo con levadura de panadero, que permite la obtención enantioselectiva del enantiómero (S) de la clorhidrina C. Este compuesto se trata con terc-butóxido de potasio para generar el epóxido (R)-B que, por apertura nucleofílica del anillo con terc-butilamina, conduce al (R)-timolol (A).

Muy posiblemente, y teniendo en cuenta los antecedentes bibliográficos de otros ejercicios sobre síntesis de fármacos β-bloqueantes, la introducción de la terc-butilamina en el carbono terminal de la cadena lateral se hubiera podido llevar a cabo directamente a partir de la clorhidrina C mediante una sustitución nucleofílica, sin necesidad de preparar el epóxido B.

La síntesis del (S)-timolol también se puede llevar a cabo a partir de la misma clorhidrina (S)-C utilizando la reacción de Mitsonobu[3] para invertir la configuración del alcohol secundario. Así pues, la reacción de (S)-C con ácido benzoico, trifenilfosfina y azodicarboxilato de dietilo permite la obtención del benzoéster (R)-G. A continuación, el tratamiento de (R)-G con terc-butóxido de sodio provoca la alcoholisis del éster y conduce a la reacción de sustitución nucleofílica intramolecular que da lugar al epóxido (S)-B. Como en la secuencia anterior, la apertura nucleofílica del anillo con *terc*-butilamina conduce a la molécula objetivo A, pero en este caso con la configuración opuesta, es decir, al (S)-timolol.

(S)-C   PhCOOH, PPh₃ / DEAD, THF   (R)-G   ᵗBuOK / THF

(S)-B   ᵗBuNH₂   (S)-A

Bibliografía.

1) A. Zemfira, *et al. Tetrahedron: Asymmetry* **2015**, *26*, 797-801.

2) G. Tosi, *et al. Synthesis* **2004**, 1625-1628.

3) J. Clayden, N. Greeves, S. Warren, *Organic Chemistry*, 2nd Edition, Oxford University Press, Oxford, **2012**, pág. 349.

148. El alprenolol (A) es un β-bloqueante no selectivo usado en el tratamiento de la hipertensión. Diseña una síntesis de alprenolol (A) a partir de fenol (SM) y cualquier otro material de partida necesario.

La comparación de las estructuras de la molécula objetivo A y del fenol de partida (SM) nos indica que en esta síntesis se trata de incorporar un grupo alilo en la posición *orto* al grupo hidroxilo fenólico del material de partida y además transformar dicho grupo hidroxilo en un grupo éter formando parte de una cadena hidrocarbonada con una estructura muy característica (3 heteroátomos, O, O, N, unidos a átomos de carbono consecutivos o dicho de otra manera dos agrupaciones 1,2-diX consecutivas).

La síntesis de este tipo de agrupaciones se suele resolver utilizando epiclorhidrina como reactivo. Por lo tanto, la primera desconexión (a) del tipo 1,2-diX nos conduce al epóxido B, sobre el cual hacemos una segunda desconexión (b) del tipo C-O, vinculada a una síntesis de Williamson, que nos conduce al fenol sustituído (C) y a epiclorhidrina (D).

El sustituyente presente en el fenol (C) (un grupo alilo) y su posición en el anillo (*orto* al hidroxilo) nos marca el siguiente paso en el análisis retrosintético asociado a una transposición de Claisen de un éter aril-alílico (E). Finalmente, se hace una desconexión (d) de tipo C-O que se corresponde con una síntesis de Williamson entre el fenol de partida (SM) y el bromuro de alilo (F).

Así pues, la secuencia sintética es la siguiente: La alilación del fenol (SM) en el átomo de oxígeno se puede llevar a cabo con bromuro de alilo utilizando NaOH como base. El tratamiento térmico del alil fenil éter (E) conduce al 2-alilfenol (C) deseado a través de una transposición de Claisen. Posteriormente, el fenol C se hace reaccionar con epiclorhidrina en medio básico. Esta reacción da como resultado el epóxido B. Cabe destacar que el fenóxido no se adiciona directamente al carbono unido a Cl, como se podría pensar en un primer momento. En realidad, el fenóxido se adiciona al carbono menos sustituido del epóxido, generando un alcóxido que genera un nuevo epóxido por sustitución nucleofílica intramolecular expulsando el cloruro (véase ejercicio 146). Apertura del epóxido presente en B por adición de isopropilamina conduce al compuesto deseado A.

El alprenolol es un fármaco con actividad β-bloqueante y, al igual que otros muchos fármacos con este tipo de actividad, presenta una cadena hidrocarbonada con tres heteroátomos, O, O, N, unidos a átomos de carbono consecutivos. En esta cadena lateral, el carbono que soporta el grupo hidroxilo secundario es quiral. Es por tanto de enorme interés disponer de síntesis enantioselectivas de estos productos.

En el caso del alprenolol, se ha descrito la síntesis del enantiómero (S) utilizando como material de partida (S)-epiclorhidrina.[1] Así, el fenol C se hace reaccionar con la (S)-epiclorhidrina, utilizando carbonato de potasio como base, para obtener el epóxido (S)-B. Este epóxido se hace reaccionar con isopropilamina en presencia de una zeolita como catalizador, obteniéndose el producto buscado en forma enantiopura (S)-A.

Bibliografía.

1) T. Roy, et al., *Catal. Sci. Technol.* **2014**, 4, 3899–3908.

149. El pindolol (A) es un fármaco con actividad β-bloqueante utilizado para disminuir la tensión arterial. Diseña una síntesis de pindolol (A) a partir de 4-hidroxiindol (SM) y cualquier otro material de partida necesario.

La comparación de las estructuras de la molécula objetivo A y del 4-hidroxiindol de partida (SM) nos indica que en esta síntesis se trata de transformar el hidroxilo fenólico del material de partida en un grupo éter formando parte de una cadena hidrocarbonada con una estructura muy característica (3 heteroátomos, O, O, N, unidos a átomos de carbono consecutivos o dicho de otra manera dos agrupaciones 1,2-diX consecutivas).

Como ya se ha dicho en ejercicios anteriores, la síntesis de este tipo de agrupaciones se suele resolver utilizando epiclorhidrina como reactivo. Por lo tanto, la primera desconexión (a) del tipo 1,2-diX nos conduce al epóxido B. A continuación, una segunda desconexión (b) del tipo C-O, vinculada a una síntesis de Williamson, nos conduce a 4-hidroxiindol (SM) y a epiclorhidrina (C)

Así pues, en principio, la secuencia sintética sería la siguiente: El tratamiento de 4-hidroxiindol (SM) con epiclorhidrina (C) en medio básico conduce al epóxido B. Cabe destacar que el fenóxido no se adiciona al carbono unido a Cl, como se podría pensar en un primer momento. En realidad, el fenóxido se adiciona al carbono menos sustituido del epóxido, generando un alcóxido que genera un nuevo epóxido por sustitución nucleofílica intramolecular expulsando el cloruro (véase ejercicio 146). Este nuevo epóxido se abre posteriormente utilizando isopropilamina como nucleófilo.

Sin embargo, al igual que en el caso del carteolol (ejercicio 146), en la reacción del hidroxilo fenólico con epiclorhidrina se obtiene una mezcla del epóxido B y de la clorhidrina C. Esta mezcla, por tratamiento con HCl/diclorometano, se transforma completamente en la clorhidrina C. A partir de esta clorhidrina, por reacción de sustitución nucleofílica con isopropilamina se obtiene el pindolol (A)

La síntesis enantioselectiva del (S)-pindolol se ha llevado a cabo enzimáticamente, pero utilizando un procedimiento diferente al visto en el caso del carteolol y bastante más largo.[1] La etapa fundamental es la resolución cinética enzimática del cloroacetato D, obtenido por tratamiento de la halohidrina racémica C con anhídrido acético. Esta resolución cinética se lleva a cabo con lipasa de *Pseudomonas fluorescens* vía un proceso hidrolítico que conduce al enantiómero enriquecido de la halohidrina (S)-C y el cloroacetato (R)-D. Este último por hidrólisis catalizada por *Candida rugosa* conduce a (R)-C que por reacción con isopropilamina rinde (S)-pindolol (A).

Bibliografía.

1) M. C. de Mattos *et al. Applied Catalysis A: General*, **2017**, *546*, 7–14.

150. El betaxolol es un fármaco con actividad β-bloqueante utilizado para disminuir la tensión arterial. Diseña una síntesis de (S)-betaxolol (A) a partir 4-(2-hidroxietil)fenol (SM) y cualquier otro material de partida necesario.

(S)-A   SM

y cualquier otro material de partida necesario

La comparación de las estructuras de la molécula objetivo A y del fenol de partida SM nos indica que en esta síntesis se trata de transformar el grupo hidroxilo alcohólico en un éter de ciclopropilmetilo y además transformar el hidroxilo fenólico en otro grupo éter formando parte de una cadena hidrocarbonada con una estructura muy característica (3 heteroátomos, O, O, N, unidos a átomos de carbono consecutivos o dicho de otra manera dos agrupaciones 1,2-diX consecutivas).

Como se ha visto en ejercicios anteriores, la síntesis de este tipo de agrupaciones 1,2-diX se suele resolver utilizando epiclorhidrina como reactivo.[1] Por lo tanto, la primera desconexión (a) del tipo 1,2-diX nos conduce al epóxido (S)-B. A continuación, una segunda desconexión (b) del tipo C-O, vinculada a una síntesis de Williamson, nos conduce al fenol C. Finalmente, una desconexión (c) del tipo C-O (éter) nos conduce al 4-(2-hidroxietil)fenol de partida (SM).

Alternativamente se puede plantear un segundo análisis retrosintético cambiando el orden de estas dos últimas desconexiones. Es decir, a partir de (S)-B hacemos primero la desconexión (d) de tipo C-O (éter) que nos conduce al epóxido (S)-D y después la desconexión (e) del tipo C-O, vinculada a una síntesis de Williamson, que nos lleva al material de partida SM.

La síntesis descrita[2] se corresponde con el segundo análisis retrosintético, debido, posiblemente, a que el primer paso de la secuencia sintética es la transformación del grupo hidroxilo fenólico (más ácido que el alcohólico) en el correspondiente éter.

Así pues, la secuencia sintética se inicia con la sustitución nucleofílica de tipo SN2 entre el grupo hidroxilo fenólico del 4-(2-hidroxietil)fenol de partida (SM) y la epiclorhidrina obteniéndose D. En el segundo paso el epóxido racémico D se somete a una resolución cinética hidrolítica, del tipo Jacobsen, catalizada por el complejo quiral de Co(III) (R,R)-F. En este proceso hidrolítico el epóxido (S)-D permanece inalterado, mientras que el (R)-D se transforma en el diol (R)-E. A continuación, el epóxido aislado (S)-D se hace reaccionar con (bromometil)ciclopropilo dando lugar al compuesto (S)-B. Por último, se lleva a cabo la apertura del epóxido por adición nucleofílica de isopropilamina obteniéndose el (S)-betaxolol (A).

Bibliografía.

1) J. Clayden, N. Greeves, S. Warren, *Organic Chemistry*, 2nd Edition, Oxford University Press, Oxford, **2012**, pág. 704.

2) M. Muthukrishnan, D. R. Garud, R. R. Joshi, R. A. Joshi, *Tetrahedron* **2007**, *63*, 1872-1876.